北京市科学技术协会科普创作出版资金资助

黄河 生态文明
科普读物

李炜民　张成林　主编

中国建筑工业出版社

编委会

序言

黄河之水天上来，奔流到海不复回！

黄河，这条被誉为中华民族母亲河的伟大河流，倾吐着人类一万多年最古老农耕文化的光辉，积淀了华夏文明五千多年的辉煌历史，在厚重宏伟的黄土大地上，她将涓涓细流汇聚成滔滔大河，奔流入海洋，形成了世界上独一无二的中华地理风貌，见证了中华民族兴衰与崛起的历史，孕育了千古留名的王朝都城和诸子百家文化，诞生了数之不尽的物产资源、乡土美食、民风民俗和生物多样性，更是奏响了源远流长、可持续发展和生态文明的不朽乐章。

全国生态环境保护大会指出"建设生态文明，关系人民福祉，关乎民族未来。"学习和了解中华民族母亲河的起源与变迁、流域与地理、历史与文明、风貌与资源、生态与多样性，将激发我们珍爱黄河生态环境、守护黄河与和谐发展的愿景情怀。这对于生态文明建设和中华民族的永续发展具有不可估量的推动作用。

中国共产党第十八次全国代表大会指出"建设生态文明，是关系人民福祉、关乎民族未来的长远大计。面对资源约束趋紧、环境污染严重、生态系统退化的严峻形势，必须树立尊重自然、顺应自然、保护自然的生态文明理念，把生态建设放在突出地位，融入经济建设、政治建设、文化建设、社会建设各方面和全过程，努力建设美丽中国，实现中华民族永续发展。" 生态文明代表了以人与自然、人与人、人与社会和谐共生、良性循环、全面发展、持续繁荣为基本宗旨的社会形态。党的二十大指出"中国式现代化是人与自然和谐共生的现代化"，继续推进着新时代生态文明建设。

为了认真贯彻党的二十大中的新时代生态文明建设精神，我们编写了《黄河生态文明科普读物》（以下简称《科普读物》），针对黄河及其流域的历史、文化、生态和存在问题，例如黄河流域自然资源过度消耗、水源涵养功能降低、水土流失加剧、生物多样性锐减等问题，系统讲述黄河流域人与自然、人与人、人与社会和谐共生、良性循环、全面发展的故事与美好愿景。

《科普读物》一共包含六个主题，即：主题一，黄河的起源；主题二，黄河的流域；主题三，黄河的文明；主题四，黄河的风貌；主题五，黄河的生态；主题六，黄河的乐章。

黄河的起源纵观大历史时空背景，回溯了古黄河的起源与演变以及下游河道的变化历程；黄河的流域从地理的视角具体介绍了黄河的流域范围、大河源头、干流河道、主要支流以及名山大湖和黄河湿地等内容；黄河的文明以文化遗址和炎黄传说为主线，从历史和人文角度讲解了王朝都城、黄河人文、红色传承以及治河壮举的故事；黄河的风貌则是从自然和文化的视野出发，展示了黄河流域的风景名胜、物产资源、非遗技艺以及黄河美食和民风民俗；黄河的生态更重视目前存在的生态问题，重点剖析了黄河流域的水源涵养、土壤保持、洪水调蓄、生物多样性以及生态文明；黄河的乐章以唤醒广大读者尊重大自然、珍爱黄河、保护生物多样性的情感为目标，呼吁大众守护与打造和谐的黄河生态文明。

"走向生态文明新时代，建设美丽中国，是实现中华民族伟大复兴中国梦的重要内容。"而实现中华民族伟大复兴的中国梦，需要靠几代中国人的不懈努力来完成，特别是国家寄予厚望的年轻一代。要让他们通过了解自然、了解母亲河的艰辛与辉煌历程，熟知中华民族发展过程的沧桑与变革，理解黄河的历史、黄河的地理、黄河的文明以及保护黄河生物多样性和生态环境的重要意义，这样才能够铸以魂、赋之能，在中华民族的崛起中担当大任。

本书主要面向4~9年级中小学生读者，以倡导生态文明理念为核心，通过上述六大主题的呈现，不仅系统介绍了黄河流域的起源、历史、文化、民俗、物产、生物多样性和生态环境等基本知识，而且还在各个主题模块中设置了"活动园地""学习园地""自然笔记"和"知识链接"等具有实践和知识扩展功能的小贴士。通过趣味故事和案例的分享，让读者能够认知黄河流域的自然风貌、古老文明、灿烂文化以及人与自然、人与人、人与社会应该具有的和谐共生关系，激发他们尊重自然、热爱自然、保护自然，树立"绿水青山就是金山银山"的理念与意识，并自觉参与到黄河生态文明建设和环境保护中，增强他们的中华民族自豪感，成为未来美丽中国的建设者与守护者。

卢宝荣

复旦大学特聘教授，希德书院院长
国家杰出青年

目 录

星宿海（李友崇 摄）

Yellow River

模块 1

古黄河的演变

在晚更新世以前，黄河流域曾经散布着许多独立水系的内陆湖泊。距今 160 万年以前，随着西部高原的隆起，东部下沉，湖泊之间加速了溯源侵蚀、沟通，最终九九归一形成了全线贯通，汇流入海的黄河水系。

古黄河孕育期

大约在 115 万年前第三纪至第四纪的早更新世为古黄河孕育期。这时候的"黄河"流域内还只有一些互不连通的湖盆，没有贯通稳定的河道，盆湖各自形成独立的内陆水系。

古黄河诞生成长期

到了第四纪中更新世（距今 115 万—10 万年），各湖盆间逐渐连通，除共和盆地以西和沁阳盆地以东仍为独立湖盆水系外，其余地段古黄河已相互连通，构成黄河水系的雏形，被称为古黄河诞生成长期。

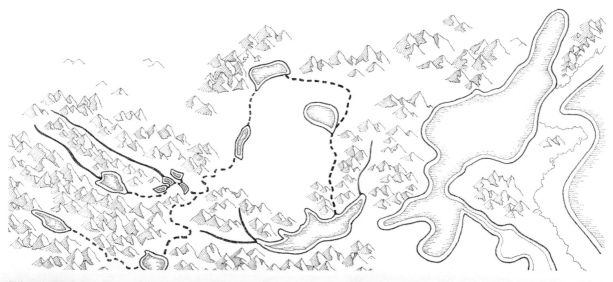

古黄河独立湖盆水系

大禹治水传说

距今 10 万—1 万年间的晚更新世，大部分古湖盆已淤积消亡。到了距今 1 万—3000 年的早、中全新世时期，是古黄河水系的大发展时期。河水上下贯通，支流沟系发育迅猛，在黄土高原出现"千沟万壑"，土壤侵蚀严重，河水泥沙剧增，这也是"黄河"名称的由来。由于泥沙增加河水排泄受阻，造成内陆水灾泛滥，水患频繁。远古洪荒时代，留下了大禹治水的传说。

大禹治水（黄河博物馆 提供）

大禹治水刻石（黄河博物馆 提供）

知识链接

大禹治水是中国古代的神话传说故事，三皇五帝时期，黄河泛滥，面对滔滔洪水，大禹从鲧（gǔn）治水的失败中汲取教训，改变了"堵"的办法，对洪水进行疏导，体现出他带领人民战胜困难的聪明才智。大禹为了治理洪水，长年在外与民众一起奋战，置个人利益于不顾，"三过家门而不入"。大禹治水 13 年，耗尽心血与体力，终于完成了治水的大业。

下
游
河
道
变
迁

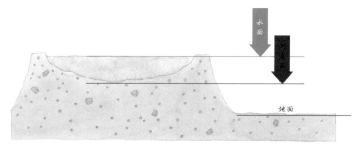

"地上悬河"的由来

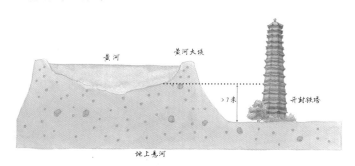

黄河开封段——地上悬河

"地上悬河"的由来

　　大约在 3000 年前，黄河下游河道在平原游荡漫流。到了春秋战国时期，由于铁制工具的普遍使用，人们开始大规模修筑河堤，黄河开始被归入固定河槽，由于大量泥沙涌入，河道泥沙淤积造成河床不断抬高。到了西汉末年，黎阳（今河南浚县）附近河床已高出民居，黄河由此成为名副其实的"地上悬河"。

下游悬河（黄河博物馆 提供）

河道变迁

黄河成为"地上悬河"后，决口、改道频发。据史料记载，从公元前602—1938年的2500多年中，黄河发生决口的年数有543年，决口的次数高达1590次，下游改道26次。其剧烈程度，在世界上是独一无二的。最近的一次黄河大改道发生在1855年，改道前黄河下游经江苏阜宁流入黄海，改道后黄河改东北走向，在山东境内借大清河流入渤海。由此形成了今天江苏盐城、山东东营黄海渤海两大湿地，成为鸟类迁徙、停留、繁殖的天堂。

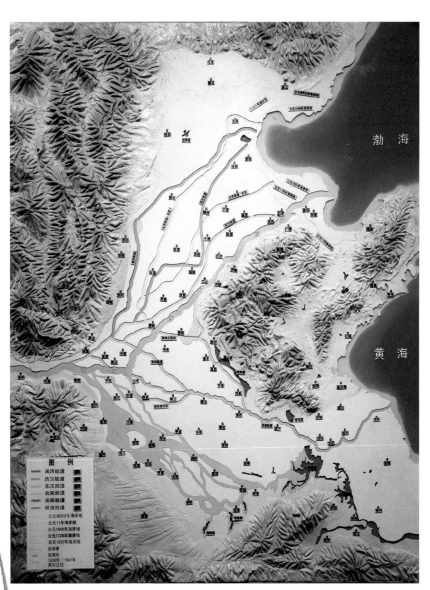

黄河下游河道的变迁（黄河博物馆 提供）

活动园地

请画一张"地上悬河"示意图。

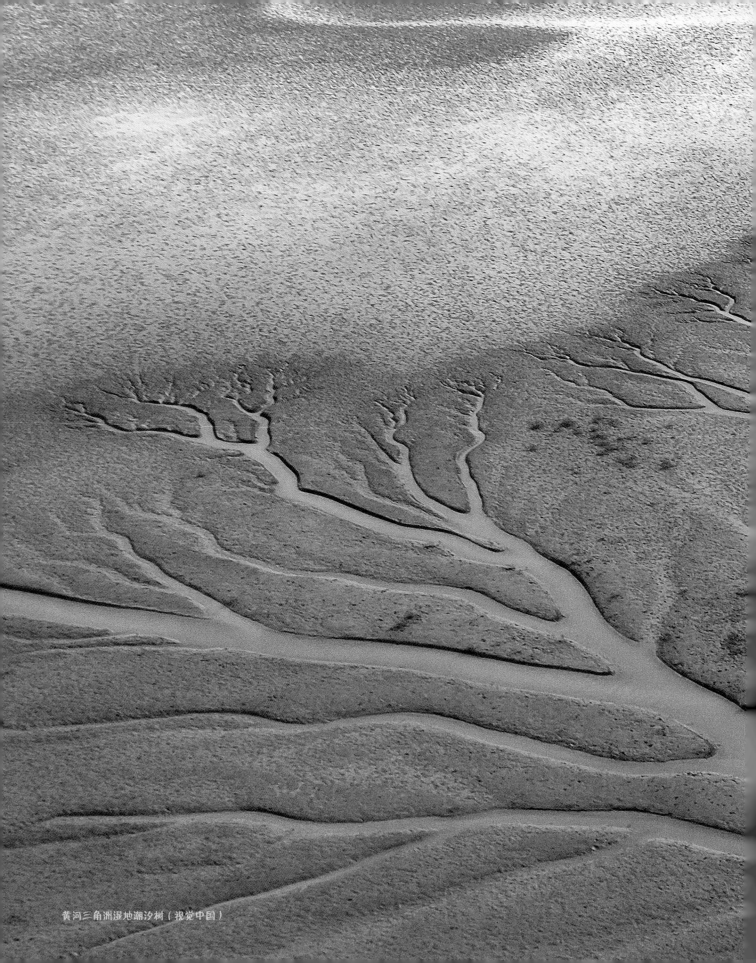

黄河三角洲湿地潮汐树（视觉中国）

Yellow River

主题二

黄河的流域

模块 1

流域范围

黄河发源于青藏高原巴颜喀拉山北麓的约古宗列盆地，在山东省东营市垦利区流入渤海，干流全长 5464 公里，落差 4480 米，流域总面积 79.5 万平方公里。流经青海、四川、甘肃、宁夏、内蒙古、陕西、山西、河南、山东 9 个省区。

知识链接

　　在黄河流经的 9 个省区中，青海省内黄河流域面积最大，达 15.3 万平方公里，占黄河流域总面积的 19.2%；山东省内黄河流域面积最少，仅 1.3 万平方公里，占黄河流域总面积的 1.6%。黄河流域水资源量以青海 208.33 亿立方米为最多，占流域水资源总量的 29.5%；宁夏仅为 10.51 亿立方米，占流域水资源量的 1.5%。

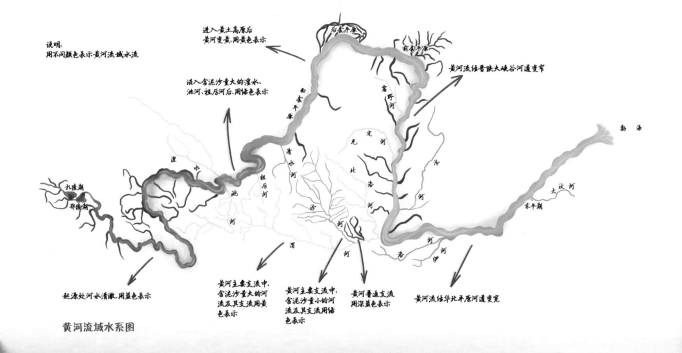

黄河流域水系图

模块2

大
河
源
头

　　最早有关黄河源的记载是战国时代的《尚书·禹贡》，有"导河积石，至于龙门"之说。意指大禹疏导黄河，从积石山开始。历史上对黄河源头曾多次查勘测量，元代以前，上游星宿（xiù）海被认为是黄河起源，清代开始逐渐对源头的认识更加明晰。1985年黄河水利委员会综合历史传说和专家勘测，确认青海省玛曲县为黄河正源，海拔4400米，并树立了河源标志。

1952年8月黄河源查勘（黄河博物馆 提供）

玛多黄河源（李友崇 摄）

三江源国家公园地标（李友崇 摄）

知识链接

　　青海省玛多县多石峡以上地区为河源区，面积为 2.28 万平方公里，海拔在 4200 米以上。盆地四周，山势雄浑，西有雅拉达泽山，东有阿尼玛卿山（又称积石山），北有布尔汗布达山，南以巴颜喀拉山与长江流域为界。2021 年 9 月 30 日，国务院批复同意设立三江源国家公园，主要包括青海可可西里国家级自然保护区和三江源国家级自然保护区。

星宿海（李友崇 摄）

干流河道

　　黄河上游流程为 3463 公里，从源头到内蒙古托克托河口，约占干流河道三分之二；中游流程为 1234 公里，从托克托河口到郑州桃花峪；黄河下游流程为 767 公里，从桃花峪到山东省东营市垦利区入海。黄河是最弯曲的河，干流河道素有"九曲黄河"之称，"九"在古代是形容多的意思，说明黄河有很多弯。黄河干流主要大湾有 6 个，它们分别是"唐克湾""唐乃亥湾""兰州湾""河套湾""潼关湾"和"兰考湾"。而黄河总的走势又构成一个大的"几"字形，总的流向仍然是自西向东，实际流程为 5464 公里，约为河源至河口直线距离 2068 公里的 2.64 倍。

黄河流经的各省区，都在黄河干流设有渡口，较大的渡口还有专门的管理机构。历史上著名的渡口主要有：孟津渡，位于河南省孟津县老城，周武王伐纣时，曾于此会诸侯八百，故有盟津之称；风陵渡，位于山西省芮城县，传说黄帝之臣风后葬于此地，名风陵，渡口因此而得名；龙门渡，位于山西河津县，始见于记载是汉初韩信领兵讨伐魏国至龙门登陆；蒲津渡，位于山西永济县，这里北临龙门峡隘，南界潼关险道，有悠久的历史，秦始皇统一六国后，开辟的东北干道咸阳——临晋道的渡河点即为蒲津；大禹渡，位于山西芮城县，相传大禹治水时，曾在此登高俯察河道，故而得名。

黄河第一湾唐克湾（王春生　摄）

受阴山山脉的阻挡，黄河"几"字弯围绕着鄂尔多斯高原流通

龙羊峡以下川峡相间，在兰州上下连续出现4个小弯，总的流向是先东后北，在兰州构成90度转弯

因人工堤坝的约束，黄河在兰考东坝头，折向东北方，拐了最后一道弯

受华山所阻，黄河几乎90度折向东流，在风陵渡再一次完成一个优美的转弯

围绕着阿尼玛卿山，黄河在这里来了个180度大转弯

黄河大湾示意图

知识链接

　　第一大湾唐克湾位于青海、四川、甘肃三省交界处，黄河在此绕阿尼玛卿山，先向东南流后转向西北流呈180度弯曲。此后，黄河沿阿尼玛卿山和西倾山间的谷地向西北流，后逐渐转向东南，在青海境内又构成一个180度的大弯，即黄河第二大湾唐乃亥湾。甘肃境内兰州湾为黄河第三大湾，后黄河北流后往下，先北流穿过银川盆地，再东流横过河套盆地，形成黄河最大的第四大湾河套湾，环抱鄂尔多斯台地。第五大湾为潼关湾，沿秦岭北麓直趋三门峡。第六大湾兰考湾位于河南省兰考东坝头，为1855年黄河在铜瓦厢决口改道后形成的。决口前黄河经东南流入黄海，改道后向东北流入渤海，形成45度的弯曲。

晋陕大峡谷（阎跃 摄）

模块4

主要支流

黄河支流众多，其中面积大于 1000 平方公里的支流有 76 条，流域面积达 58 万平方公里，占全河集流面积的 77%。黄河的主要支流从上游开始依次为白河、黑河、洮河、湟水、大黑河、窟野河、无定河、汾河、渭河、洛河、沁河、金堤河、大汶河。

湟水

湟水，又名西宁河，是黄河上游左岸一条大支流，发源于青海省大坂山南麓海晏县境，流经湟源、湟中、西宁、平安、互助、乐都、民和，于甘肃省永靖县付子村汇入黄河，是连接内陆与青藏高原的一条金色丝带，全长 374 公里。湟水流域孕育了马家窑文化、齐家文化，养育了青海 60% 的人口，被誉为青海的母亲河。

湟水（视觉中国）

渭河（视觉中国）

渭河

　　渭河，古称渭水，是黄河的第一大支流，全长 818 公里。渭河发源于甘肃省定西市渭源县鸟鼠山，主要流经今甘肃天水、陕西省关中平原的宝鸡、咸阳、西安、渭南等地，最终在陕晋豫三省交界处的潼关县汇入黄河。渭河是黄河最大的支流，泾河又是渭河的支流，发源于宁夏，两河于西安高陵交汇，清浊分明。诗经《邶风·谷风》中的成语"泾渭分明"由此产生并流传至今。

"泾渭分明"现象

知识链接

　　"泾渭分明"现象主要是因为泾河和渭河的河床结构不同造成的。泾河的河床主要是石质河床，渭河的河床主要是沙质河床。石质河床的泾河，含沙量少、水质清。而渭河是沙质河床，水流从上游流到下游传递的过程中，含沙量逐步增加，一般枯水期水质就会出现浑浊，造成"泾渭分明"。而在一年当中的洪水期，由于上游洪水来势凶猛也会造成泾水浑浊，则会看到"泾浊渭清"的相反现象。

学习园地

"泾渭分明"

　　用以比喻界限清楚。古人认为是泾水浊而渭水清，而我们现在看到的却是"泾清渭浊"的现象。难道是古人搞错了吗？请你查阅相关资料做出解释。

大黑河

　　大黑河，蒙古名为伊克图尔根河，是黄河上游末端一条大支流，发源于内蒙古自治区卓资县境内的坝顶村，流经呼和浩特市近郊，于托克托县城附近注入黄河，干流长 236 公里。大黑河流域土地肥沃，是内蒙古重要的粮食基地。由于大黑河干流由东北方向流来，与黄河由西向东形成对流相汇，故称逆向支流。

大黑河郊野公园（王春生 邵宝燕 摄）

黄河岸边稻花香（刘志劲 肖丽媛 摄）

洛河

　　洛河，古称雒水，是黄河右岸的重要支流，发源于陕西省华山南麓蓝田县境，至河南省巩县境汇入黄河，干流河道长 447 公里，其三分之二在河南境内。因伊河自古就为洛河的重要支流，又称伊洛河，在史书《山海经》《水经注》均有记载，是华夏文明的重要源地。传伏羲受"河图"启发在此演绎了八卦，其女儿溺死于洛水，化为洛神。洛河与黄河交汇处的"河洛地区"孕育了河洛文明，在中华文明的发展史中占有重要地位。

汾河

汾河，又称汾水，是山西省最大的河流，黄河的第二大支流，全长 713 公里。汾河流经山西省的忻州、太原、吕梁、晋中、临汾、运城 6 市 29 县（区），在万荣县荣河镇庙前村汇入黄河，被山西人称为母亲河。《山海经》中的"管涔之山，汾水出焉"以及《汉书》等古籍均有对汾河的表述，汾河在山西省的政治、历史、文化、经济、生态地位举足轻重。

大汶河

大汶河，古称汶水，发源于山东旋崮山北麓沂源县境内，汇泰山山脉、蒙山支脉诸水，自东向西流经莱芜、新泰、泰安、肥城、宁阳、汶上、东平等县市，汇注东平湖，出陈山口后汇入黄河，干流河道长 239 公里。《诗经》中的"汶水滔滔"以及《水经注》中的"汶水出泰山莱芜县原山"均有对大汶河的表述。

模块 5

名山大湖

　　黄河的形成是由孕育期多个湖盆水系演变连通而成，到今天沿线遗存下来的湖泊较大的只有 3 个，它们是上游河源区的扎陵湖、鄂陵湖和下游的东平湖。

　　扎陵湖和鄂陵湖为构造湖，是由古代的大湖盆演变而成，黄河源头纪念碑就位于两湖间海拔 4600 米的错哇朵泽山顶上。两湖位于三江源国家级自然保护区核心区，相邻 9 公里。扎陵湖居鄂陵湖西侧，面积 526 平方公里，湖面海拔 4294 米，平均水深 8.9 米，储水量 46 亿立方米。扎陵湖被当地藏民称为"错扎陵"，意思是白色长湖。鄂陵湖面积 600 余平方公里，平均水深 17.6 米，最深处达 31 米，储水量 107 亿立方米。鄂陵湖被当地藏民称为"错鄂陵"，意思是蓝色长湖。

扎陵湖（李友崇 摄）

鄂陵湖（李友崇 摄）

东平湖（视觉中国）

  东平湖是黄河下游仅有的一个大型天然湖泊，位于山东省东平县，地处山东梁山、东平和平阴三县交界处，北临黄河，东依群山，东有大汶河来汇，西有京杭运河傍湖直接汇入黄河。东平湖古时又称蓼儿洼、巨野泽、梁山泊、安山湖等，是《水浒传》中八百里水泊唯一遗存的水域，总面积627平方公里，其四分之三为防洪泄洪区。其中老湖区常年水面面积124.3平方公里，平均水深2.5米，蓄水总量3亿立方米。

  黄河流域内地势西高东低，北高南低，东西高差悬殊，高原地貌的分布面积最大，山地、平原次之，呈阶梯状逐级降低，形成自西而东、由高及低的三级阶梯。

  第一级阶梯位于青藏高原的东北部，平均海拔4000米以上，地势高峻。青海高原南沿的巴颜喀拉山绵延起伏，是黄河与长江的分水岭。祁连山脉横亘高原北缘，构成青海高原与内蒙古高原的分界。主峰海拔6282米的阿尼玛卿山耸立中部，是黄河流域的最高点，山顶终年积雪。

  第二级阶梯大致以太行山为东界，高程1000~2000米。区域内白于山以北属内蒙古高原，包括黄河河套平原和鄂尔多斯高原，白于山以南为黄土高原、秦岭山地及太行山地。

  第三级阶梯自太行山以东至滨海，由黄河下游冲积平原和鲁中丘陵组成，面积达25万平方公里，高程多在100米以下。以黄河两岸大堤为分水岭，以北属海河流域，以南属淮河流域。鲁中丘陵由泰山、鲁山和沂蒙山组成，一般高程在200~500米。

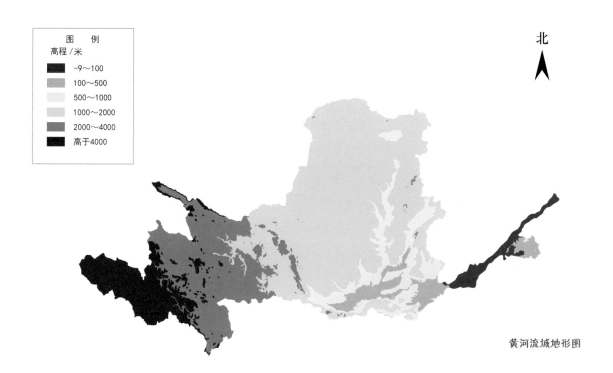

图　例
高程/米
- -9～100
- 100～500
- 500～1000
- 1000～2000
- 2000～4000
- 高于4000

北

黄河流域地形图

　　巴颜喀拉山，蒙古语意为"富饶青黑色的山"，主要位于青海省玉树藏族自治州曲麻莱县麻多乡境内，为昆仑山脉。西接可可西里山，东接四川岷山及邛崃山，呈西北东南走向，平均海拔在 5000 米以上，主峰雅拉达泽山海拔 5442 米，山脊覆盖着终年不化的冰雪，为长江、黄河的主要补给水来源。

巴颜喀拉山主峰年宝玉则（左凌仁　摄）

祁连山位于青海省东北部与甘肃省西部边境，是两省的界山，东起乌鞘岭，西止当金山口，与阿尔金山相接，东西长约1000公里，南北宽约300公里。古时匈奴称"天"为祁连。祁连山地处西北干旱区，北边是北山戈壁和巴丹吉林沙漠，南边有柴达木干旱盆地，西边是库姆塔格沙漠，东边是黄土高原。祁连山阻隔了腾格里、巴丹吉林和库姆塔格三个沙漠南侵，成为干旱区域的"湿岛"。在祁连山的呵护下，河西走廊产生一个个绿洲城市，并成就了东西方文明交流的通道——丝绸之路。

祁连山（视觉中国）

　　白于山，亦有白玉山、横山、长城岭之名。白于山主梁呈东西走向，长约100公里，宽约50公里，是"陕北屋脊"。白于山是陕西北部的高地，榆林、延安的海拔最高点都在白于山。白于山的最高峰是定边县南部的魏梁，海拔1907米，平均海拔1600～1800米。这里是整个陕西最干旱缺水的地方，却孕育了陕北、陇东最重要的三条母亲河——无定河、洛河、泾河。

　　太行山，又名五行山、王母山、女娲山，是中国东部地区的重要山脉和地理分界线。太行山脉位于山西省与华北平原之间，纵跨北京、河北、山西、河南4省市，山脉北起北京市西山，向南延伸至河南与山西交界地区的王屋山，西接山西高原，东临华北平原，呈东北西南走向，绵延400余公里。它是中国地形第二阶梯的东缘，也是黄土高原的东部界线。

太行山大峡谷（李炜民 摄）

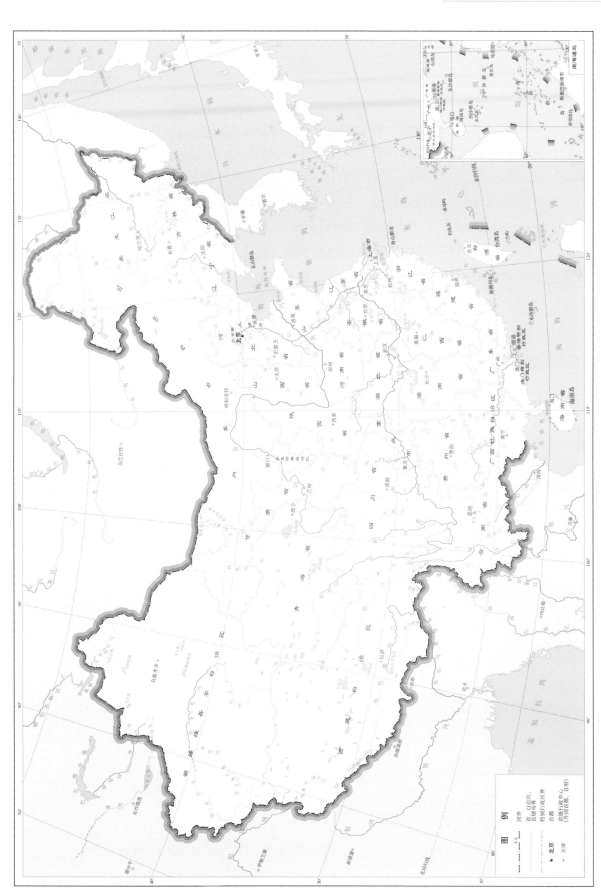

中国主要河流、湖泊分布图

活动园地

1. 准备黄河流域各省的名片贴，请同学们粘贴至地图相应部位。

2. 在图中标注你所了解的黄河流域的主要山脉和湖泊。

模块6

黄河湿地

黄河流域湿地主要包括黄河源区湿地、若尔盖草原区湿地、宁夏平原区湿地、内蒙古河套平原区湿地、毛乌素沙漠地区湿地、三门峡库区湿地、下游河道湿地、入海口三角洲湿地八个分布区域，总面积约为280万公顷，占全国陆域湿地总面积的8%。黄河流域的湿地以其多样性的生境孕育了丰富的野生动植物资源，也为鸟类提供了良好的栖息、繁育环境。目前，黄河流域共有湿地类型自然保护地230处，包括国家公园2处、国家级自然保护区9处。其中青海扎陵湖湿地、鄂陵湖湿地、四川若尔盖湿地、鄂尔多斯遗鸥国家级自然保护区和山东黄河三角洲湿地5处是国际重要湿地。

毛乌素沙漠地区湿地（视觉中国）

宁夏平原区湿地（视觉中国）

　　黄河湿地由于地理位置不同，其成因也各不相同，因此也形成了不同的景观。例如黄河上游的三江源湿地，冰雪融水量充足，地表水丰富；地下有冻土层，地表水不容易下渗；海拔较高，气温低，蒸发量少；地势低平，地表水不容易排泄出去；土壤中水分饱和，形成高寒草甸、高寒草原、高寒沼泽以及密如织网的以河流湖泊为主体的高原湿地生态系统。作为上游最佳的蓄水体系，三江源湿地发挥着涵养水源等功能，补给长江、黄河、澜沧江等大河水源，为野生动植物提供重要栖息地。

　　黄河在河套平原的独特走向和当地地理位置，让这里形成了独特的黄河湿地。虽然河套地区的年降水量只有 140 毫米左右，但由于地处黄河上游，主、支流水系特别发达，而且沟沟渠渠的水平面与地平面基本持平，因此在这一地区地表水特别丰富。每到冬季，零下 20 摄氏度的严寒让整个河套地区银装素裹，地表水停止流动，再加上降雪，土壤中含有大量水分；到了春季冰雪融化，丰富的水分沉浸在大地表面任由大气蒸发，便会使得外层土壤盐碱化。为了预防上壤盐碱化，当地的人们便开挖了大量的深达五六米的排干渠，这些排干渠相互连通，连成一体，当冰雪融化时，地表水便会自动流到排干渠中，再经总排干渠流入黄河。黄河、灌排、排干渠以及黄河改道所形成的大小支流、遍布于各处的大小湖泊共同构成了河套平原极为典型的黄河湿地环境，这是全球范围内干旱草原及荒漠地区极为少见的湿地平原，也是地球同纬度最大的湿地。河套黄河湿地是维护黄河流域中下游水生态安全和祖国北方重要防沙、治沙绿色生态的天然屏障。

位于河口的黄河三角洲湿地是由黄河填海造陆形成的。由于黄河含沙量高，年输沙量大，受水海域浅，巨量的黄河泥沙在河口附近大量淤积，填海造陆速度很快，使河道不断向海内延伸，河口侵蚀基准面不断抬高，河床逐年上升，河道比降变缓，泄洪排沙能力逐年降低，当淤积发生到一定程度时则发生尾闾改道，另寻他径入海，平均每10年左右黄河尾闾有一次较大改道。黄河入海流路按照淤积→延伸→抬高→摆动→改道的规律不断演变，使黄河三角洲陆地面积不断扩大，海岸线不断向海推进，历经150余年，逐渐淤积形成近代黄河三角洲。黄河三角洲平均每年以2~3公里的速度向渤海推进，形成大片的新增陆地。面积逐年扩大，生态类型独特，海河相会处形成大面积的浅海滩涂和湿地。

知识链接

湿地

　　根据《湿地公约》的定义，湿地包括沼泽、泥炭地、湿草甸、湖泊、河流、滞蓄洪区、河口三角洲、滩涂、水库、池塘、水稻田以及低潮时水深小于6米的海域地带等。湿地与森林、海洋并称全球三大生态系统，被誉为地球上的肾。

　　湿地具有涵养水源、调节气候、净化水质、防止土壤侵蚀、补充地下水、维持碳循环和保护海岸线等极为重要的生态功能，是生物多样性最为富集的区域，因此也被誉为"天然物种库"。据联合国环境署2002年的研究数据显示，1公顷湿地生态系统每年创造的价值高达1.4万美元，是热带雨林生态系统的7倍，是农田生态系统的160倍。

《湿地公约》

　　《湿地公约》全称为《关于特别是作为水禽栖息地的国际重要湿地公约》。1971年2月2日订于伊朗拉姆萨尔，经1982年3月12日议定书修正。各缔约国承认人类同其环境的相互依存关系；考虑到湿地的调节水分循环和维持湿地特有的植物特别是水禽栖息地的基本生态功能；认为湿地是具有巨大经济、文化、科学及娱乐价值的资源，其损失将不可弥补；期望现在及将来能保证湿地不被逐步侵蚀及丧失；承认季节性迁徙中的水禽可能超越国界，因此应被视为国际性资源；确信远见卓识的国内政策与协调一致的国际行动相结合能够确保对湿地及其动植物的保护。中国自1992年加入《湿地公约》以来，现已列入国际重要湿地64块，总面积405万公顷。

黄河三角洲自然保护区生态地位十分重要，要抓紧谋划创建黄河口国家公园，科学论证、扎实推进。

2021.10.20

黄河三角洲湿地（拉琼 摄）

活动园地

1. 唐代诗人李白《将进酒》中"黄河之水天上来，奔流到海不复回"描写出了黄河的什么特点？请结合主题二"黄河的流域"的内容，分析一下诗句中的"天上"和"奔流到海"分别是指哪里呢？

问题答案：诗句突出了黄河源远流长、落差较大、水流波澜壮阔、汹涌澎湃的特点。"天上"是指黄河发源地青藏高原巴颜喀拉山，那里的地势比平原地区地势高，所以处在平原位置的人们，看那黄河就好像从天而来一般。"奔流到海"是指黄海。

2. 湿地对我们的生活有多重要，让我们一起来做个游戏吧。

失踪的湿地

游戏所需资源：

人员：3名教师（1名主讲，2名助教）。

受众人数：20人。

所需材料：地垫8块，丹顶鹤头饰20顶，讲解麦2个，铃鼓1个，草帽1顶。

游戏规则、步骤、要点：

1. 主讲教师派发给各位参加者丹顶鹤头饰。并提问：

（1）你们头顶上的头饰是什么动物？

鹤类是喙长、颈长、腿长"三长"的大型鸟类。丹顶鹤的体重是鹤中最重的。

（2）丹顶鹤生活在什么地方？

沼泽、湖泊、河流、珊瑚礁、沿海地带以及人工开辟的稻田、鱼塘、水库和运河等，都可以称为湿地。湿地可以调节气候、控制洪水等自然灾害、净化水质、吸收二氧化碳，有助于人类的生产生活。湿地特殊的自然环境有利于一些植物的生长，同时湿地也是重要的动物栖息地，湿地是"鸟类的乐园"，鹤和很多的水鸟都在湿地中生活。湿地为鹤类提供了丰富的食物来源和营巢、避敌条件，为鹤类提供了良好的栖息地，是鹤类繁殖、栖息、迁徙、越冬的场所。不光是这样，湿地还具有强大的生态净化作用，它可以净化水源，因而又有"地球之肾"的美名。

2.主讲教师宣布游戏规则：每名学生都扮演一只丹顶鹤，地垫就代表丹顶鹤栖息的湿地，当教师敲响鼓铃时，每名学生要在地垫间的空地中模仿丹顶鹤飞翔，当铃鼓停止时，要迅速站到离最近的地垫上，可以几个人同时站在一块地垫上。开始时每两个人一块地垫，第一次撤掉一半，第二次再撤掉一半。

3.游戏过程：

（1）主讲老师摇响铃鼓，学生开始在空地间跑动。

（2）停止摇鼓。学生分散站在地垫上。

（3）助教戴着草帽扮演农民上场："我是一名农民，这些湿地真不错，有水土壤又肥沃，现在浪费的现象越来越多，我原来的水稻田已经不能满足需求了，我要在这儿种粮食。"农民撤掉一半的地垫，主讲老师指导被撤掉地垫的小朋友马上站到其他地垫上，农民下场。

4.主讲老师提问：

（1）大家是否感到拥挤？为什么？

（2）湿地为什么会减少呢？

（3）我们做什么能让湿地不再失踪呢？

总结归纳：

人类不断地占用湿地，湿地减少了，丹顶鹤生活的家园越来越小，空间变得拥挤，很多丹顶鹤找不到可以居住的地方了。我们的生活离不开粮食。但是我们可以通过改善一些行为，来减少对粮食的浪费，例如：不浪费饭菜，只有这样农民伯伯就不必种那么多的粮食也不用重复占用湿地来种粮食了。湿地保住了，丹顶鹤才能在自己的家园里幸福地生活。

　　"没有黄河，就没有我们这个民族"。历史上，"河"曾是黄河的专称。川流不息，不舍昼夜。千百年来，浩浩黄河水，同长江一起，哺育了中华民族，孕育了灿烂辉煌的中华文明。中国历史上的五帝时代，即黄帝、颛顼、帝喾、唐尧、虞舜，主要在黄河中下游地区活动、繁衍、生息、发展，创造了灿烂的黄河早期文明。黄河文明的发展期主要是夏、商、周三代，以河洛文化为代表的黄河文明在这一时期已经成熟，制定了礼乐制度，出现了比较规范的文字。科学技术、农业、手工业、商业贸易快速发展，青铜文化闻名中外。这一时期，出现了中国最早的诗歌总集《诗经》以及《易经》等不朽之作，影响了中国几千年的道家、儒家、墨家、法家等各学派的产生与发展，引发了中国社会百家争鸣的黄金时代。

　　黄河文化是中华民族的根和魂，要着力保护黄河流域文化遗产资源，延续历史文脉和民族根脉，深入挖掘黄河文化的时代价值，讲好"黄河故事"，在黄河文化保护和传承上，加强公共文化产品和服务供给，更好满足人民群众精神文化生活需要，为实现中华民族伟大复兴的中国梦凝聚精神力量。

壶口瀑布（阚跃 摄）

Yellow
River

主题三

黄河的文明

黄河古文化遗址分布

乌兰察布
包头　呼和浩特
鄂尔多斯　大同
乌海　朔州
阿拉善左旗　忻州
武威　银川　榆林　太原　石家庄
西宁　　　　吕梁　晋中　滨州　东营
白银　延安　　　　　淄博　潍坊
兰州　　　　临汾　长治　济南
齐家文化　　　　晋城　鹤壁　聊城　泰安
　　　　　铜川　运城　焦作　大汶口文化
马家窑文化　仰韶文化　仰韶文化　新乡　龙山文化
天水　半坡　庙底沟　后岗
宝鸡　咸阳　渭南　二里头　洛阳　郑州　濮阳　菏泽　济宁
西安　　　　　　　　开封
商洛　　　　　　中原龙山文化

模块 1

文化遗址

　　远古时期，黄河流域气候适宜，雨量充沛，土地肥沃，动植物资源丰富，先民们逐水而居，很早就在这里生存发展。在距今 180 万年的西侯度古人类遗址中，发现了人类迄今最早用火烧过的鹿角化石。110 万年前，"蓝田人""大荔人""丁村人""河套人"都在大河上下狩猎生息繁衍，逐步改变了茹毛饮血的野蛮时代。黄河流域众多的马家窑文化、齐家文化、龙山文化、大汶口文化、仰韶文化等古文化与二里头遗址、石峁（mǎo）遗址、陶寺遗址、殷墟遗址等系统地展现了中国文明的起源与发展过程。

蓝田人

丁村人

知识链接

马家窑文化

1923 年，马家窑文化首先发现于甘肃省临洮县的马家窑村，故名马家窑文化，主要分布于黄河上游地区以及甘肃、青海境内的洮河、大夏河、湟水流域和凉州的谷水流域一带。其出现于距今 5700 多年的新石器时代晚期，历经了 1000 多年的发展，是齐家文化的源头之一。

齐家文化

齐家文化是以甘肃为中心的新石器时代晚期文化，时间跨度约为公元前 2200 年至公元前 1600 年，已经进入铜石并用阶段，名称源于甘肃广河县的"齐家坪遗址"。齐家坪遗址于 1924 年由考古学家安特生所发现，是华夏文明的重要来源。三星堆遗址 3 号坑、4 号坑发现的玉琮就是来自甘青地区齐家文化。

龙山文化

龙山文化是中国黄河中下游地区约新石器时代晚期的一类文化遗存，属铜石并用时代文化。这一文化首次发现于山东省济南市历城县龙山镇（今属济南市章丘区），因此得名，其年代为公元前 2500 年—公元前 2000 年（距今约 4000 年前）。龙山文化源自大汶口文化，以黑陶为主要特征。

仰韶文化

仰韶文化是指黄河中游地区一种重要的新石器时代文化，其持续时间大约在公元前 5000 年—公元前 3000 年，分布在整个黄河中游从甘肃省到河南省之间。因 1921 年首次在河南省三门峡市渑池县仰韶村发现，故称之为仰韶文化。仰韶文化具有较大的辐射力，尤其是彩陶的大范围传播，达到史前艺术的高峰。

蛋壳黑陶杯

红陶鬹（ guī ）

龙山文化代表陶器

大汶口文化

大汶口文化是分布于黄河下游一带的新石器时代文化，因山东省泰安市岱岳区大汶口镇大汶口遗址而得名，是山东龙山文化的源头。该文化类型的遗址在河南和皖北亦有发现。大汶口文化年代距今约 6500 ～ 4500 年，延续时间约 2000 年。

二里头遗址

二里头遗址位于河南省洛阳市雁石镇二里头村，于 1959 年被发现。这个遗址大约有 3800 到 3500 年的历史，相当于古代文献中的夏、商王朝时期。1960 年，考古学家在二里头遗址的上层发现了一座宏伟的宫殿遗址，这是中国发现的最早的宫殿建筑遗址。二里头遗址对研究华夏文明的渊源、国家的兴起、城市的起源、王都建设、王宫定制等重大问题具有重要的参考价值。

二里头遗址出土龙形石雕

石峁遗址

石峁遗址是中国已发现的龙山晚期到夏早期时期规模最大的城址。位于陕西省榆林市神木市高家堡镇石峁村的秃尾河北侧山峁上，地处陕北黄土高原北部边缘。初步判断其文化命名为石峁类型，属新石器时代晚期至夏代早期遗存。石峁遗址是探寻中华文明起源的窗口，可能是夏早期中国北方的中心。

陶寺遗址

陶寺遗址是中国黄河中游地区以龙山文化陶寺类型为主的遗址，位于山西省襄汾县陶寺村南，是中原地区龙山文化遗址中规模最大的一处。目前已发现了规模空前的城址、与之相匹配的王墓、世界最早的观象台、气势恢宏的宫殿、独立的仓储区、官方管理下的手工业区等，出土了陶龙盘、陶鼓、鼍（tuó）鼓、大石磬、玉器、彩绘木器等精美文物，震惊海内外，是迄今史前时期最大的夯土建筑基址，也是我国最早的宫城。

殷墟遗址

中国商朝后期都城遗址，位于河南省安阳市西北郊的洹河南北两岸，以小屯村为中心，面积约 30 平方公里。殷墟遗址由殷墟王陵遗址与殷墟宫殿宗庙遗址、洹北商城遗址等共同组成，大致分为宫殿区、王陵区、一般墓葬区、手工业作坊区、平民居住区和奴隶居住区，是中国历史上第一个文献可考、并被考古学和甲骨文所证实的都城遗址，排在中华古都之首。目前已出土甲骨文 15 万片，陶器数万件，青铜礼器约 1500 件、青铜兵器约 3500 件，玉器约 2600 件，石器 6500 件以上，骨器 3 万多件，为汉字起源、宫城制度、军事占卜以及若干重大历史事件留下了文物与文字证据。2006 年 7 月 13 日，殷墟遗址作为世界文化遗产列入《世界遗产名录》。

殷墟遗址出土〔甲骨〕

殷墟遗址（李炜民 摄）

学习园地

甲骨文

甲骨文是商代契刻在龟甲与兽骨上的文字，是迄今为止我国所发现的最早的文字系统。商代刻有文字的甲骨绝大多数是在河南安阳小屯村的殷墟出土的。光绪二十五年（1899年），王懿荣发现了甲骨文，是我国19世纪末20世纪初的重大发现之一。甲骨文主要内容为占卜，《礼记·表记》："殷人尊神，率民以事神，先鬼而后礼。"刻写特征为象形，被称为"最早的汉字"。

甲骨文十二属相古今对照

青铜器

青铜文化是早期华夏文明的代表，青铜器是一种由青铜合金（红铜与锡的合金）制成的器具，其铜锈呈青绿色。青铜，是人类技术发展史上的重要发明。远在5000多年前的马家窑文化时期，中国古人即开始使用青铜制品。夏、商、西周、春秋、战国是中国的青铜时代，青铜铸造达到鼎盛。最具代表的后母戊鼎又称司母戊鼎、是商后期铸品，高133厘米、口长110厘米、口宽79厘米，重832.84公斤，是已知中国古代最重的青铜器。1939年出土于河南省安阳市武官村，现藏于中国国家博物馆。器形规整大气，直壁深腹平底，腹部呈长方形，下承四中空柱足。器耳外侧饰浮雕式双虎食人首纹，腹壁四面正中及四隅各有突起的短棱脊，腹部周缘饰饕餮纹，均以云雷纹为地。足上端饰浮雕式饕餮纹，下衬三周凹弦纹，代表商代高度发达的青铜铸造技艺与文化。

活动园地

用甲骨文写画你的生肖属象。

知识链接

四十三年逨（lái）鼎：铸成于西周宣王四十三年（公元前 785 年），在陕西省宝鸡市眉县马家镇杨家村窖藏出土。鼎腹内 319 字的铭文中，生动记述了对管治"山川林泽"官员逨的褒奖、赏赐、升迁的册命，与周天子（宣王）在黎明时分，亲临宗庙宣谕的细节。逨鼎的考古发现，为中国林业、园林史的研究提供了极为重要的文物依据，堪称 2800 年前的国家最高"绿化奖杯"。

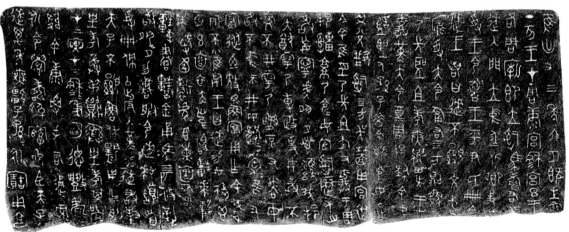

四十三年逨鼎及铭文

模块 2

炎黄传说

　　炎帝与黄帝是华夏始祖，长久以来，中国人总是把自己看成是炎黄子孙，这种血统上的认同思想在历史上一直起着极大的凝聚作用。《国语·晋语》中提到："昔少典娶于有蟜氏，生黄帝、炎帝。黄帝以姬水成，炎帝以姜水成，成而异德，故黄帝为姬，炎帝为姜。二帝用师以相济也，异德之故也。"

　　黄帝首先是一位军事领袖并取得了赫赫战功。《五帝本纪》中提到："习用干戈""修德振兵，治五气，艺五种，抚万民，度四方"，后来炎帝部落和黄帝部落结盟，共同发起涿鹿之战击败了蚩尤，第一个建立了政权。《史记·封禅书》中提到："黄帝采首山之铜，铸鼎于荆山之下"，中国有 5000 多年的文明史，大抵就是从黄帝时算起的。

　　炎帝号神农氏，传说主要事迹都与发展农业有关，他亲尝百草，发展用草药治病。发明刀耕火种创造了两种翻土农具，教民垦荒种植粮食作物，制造出了饮食用的陶器和炊具。据《周易·系辞下》记载，神农"日中为市，致天下之民，聚天下之货，交易而退，各得其所"。据《世本·下篇》记载，神农发明了乐器，他削桐为琴，结丝为弦，这种琴后来叫神农琴。神农琴"长三尺六寸六分，上有五弦：曰宫、商、角、徵、羽"。这种琴发出的声音，能道天地之德，能表神农之和，能使人们娱乐，即今天古琴的前身。

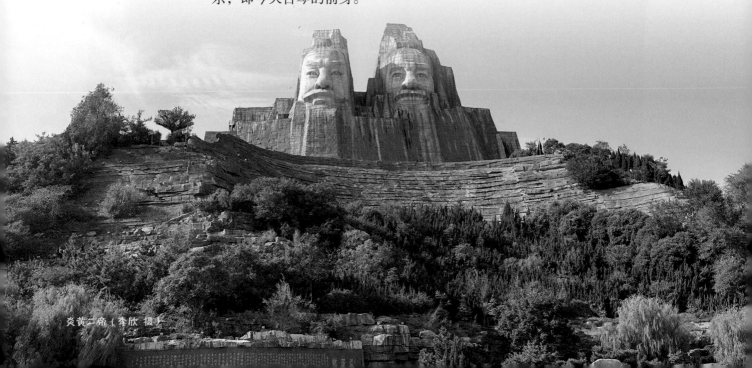

炎黄二帝（李欣 摄）

知识链接

炎黄时期的著名战争

约公元前 26 世纪，黄帝部落展开了征服中原各族的战争，黄帝与炎帝两部落在阪泉展开决战，史称阪泉之战。《史记·五帝本纪》记载"炎帝欲侵陵诸侯，诸侯咸归轩辕。轩辕乃修德振兵，治五气，蓺（yì）五种，抚万民，度四方，教熊罴（xióng pí）貔貅（pí xiū）貙虎（chū hǔ），以与炎帝战于阪泉之野。三战，然后得其志"。阪泉之战以黄帝的胜利告终，此后黄帝和炎帝部落结成联盟，黄帝成为黄河流域各部落共主，以炎黄部落为主体的华夏部落形成。

阪泉之战后，炎黄部落与黄河下游东夷的蚩尤部落在涿鹿进行了一场大战，大败蚩尤，史称涿鹿之战。《史记·五帝本纪》记载"蚩尤作乱，不用帝命，于是黄帝乃征师诸侯，与蚩尤战于涿鹿之野"。黄帝乘战胜之余威，继续对四方大事征讨，周围许多氏族归顺华夏部落，从而奠定了华夏部落据有黄河流域的基础。

1."蚩尤作兵伐黄帝，黄帝乃令应龙攻之冀州之野。"这段材料出自《山海经·大荒北经》，与这段材料相关的事件是 _____。

A. 涿鹿之战　　　　B. 城濮之战　　　C. 长平之战　　　　D. 官渡之战

2._____ 后黄帝和炎帝部落结成联盟，形成以炎黄部落为主体的华夏部落。

A. 涿鹿之战　　　　　　　　B. 神农氏攻斧燧氏之战

C. 尧舜禹攻三苗之战　　　　D. 阪泉之战

问题答案：1.A；2.D。

模块3

王朝都城

从公元前21世纪夏朝开始，历代王朝在黄河流域建都的时间持续延绵3000多年。其中最为著名的古都当属西安和洛阳。从先秦以来一直到两宋，它们两个都城都是当时中国的政治、经济、文化、军事、科技中心。特别是盛唐时期的东西二京，是当时全世界最繁华的大都市，后世的日本也参照洛阳的城市规划，建成自己的国都——京都。

西安，古称长安、镐京，位于黄河流域中部关中盆地，北濒渭河、南依秦岭，自古有着"八水绕长安"之美誉，是丝绸之路的起点。西安有3100多年的建城史和1100多年的国都史，先后有西周、秦、西汉、新、东汉（献帝）、西晋（愍帝）、前赵、前秦、后秦、西魏、北周、隋、唐13个王朝在此建都，是闻名世界的历史名城。

洛阳，别称洛邑、洛京。居天下之中，处九州腹地，有5000多年文明史、1500多年建都史，是隋唐大运河的中心。自夏之后，先后有商、西周、东周、东汉、曹魏、西晋、北魏、隋、唐、后梁、后唐、后晋等朝代，在洛阳建都。夏都二里头、偃师商城、东周王城、汉魏故城、隋唐洛阳城五大都城遗址沿洛河一字排开、"五都荟洛"举世罕见。

知识链接

关中八水：关中八水指的是渭水、泾水、沣水、涝水、潏水、滈水、浐水、灞水8条河流，它们在长安城（西安）四周穿流，均属黄河水系。西汉文学家司马相如在著名的辞赋《上林赋》中写道"荡荡乎八川分流，相背而异态"，描写了汉代上林苑的巨丽之美，由此有了"八水绕长安"的描述。八水之中，渭水汇入黄河，而其他七水原本各自直接汇入渭河。

八水绕长安（周维权《中国古典园林史》）

模块 4

黄河人文

河出图洛出书：语出易经《系辞·上》，"河出图，洛出书"，河，黄河；洛，洛水。河图洛书，是中国古代流传下来的两幅神秘图案，蕴含了深奥的宇宙星象之理，是远古时期人们按照星象排布出时间、方向和季节的辨别系统。河图数字 1～10 是天地生成数，洛书数字 1～9 是天地变化数，万物有气即有形，有形即有质，有质即有数，有数即有象，气形质数象五要素用河洛八卦图式来模拟表达，它们之间巧妙组合，融于一体，建构出一个宇宙时空合一、万物生成演化的运行模式。

诸子百家：诸子是指中国先秦时期管子、老子、孔子、庄子、墨子、孟子、荀子等学术思想的代表人物；百家是指儒家、道家、墨家、名家、法家等学术流派的代表家。诸子百家是后世对先秦学术思想人物和派别的总称。儒家代表人物有孔子、孟子、荀子。儒家以孔子为代表主张"德治"和"仁政"，主张以礼治国，呼吁恢复"周礼"。孟子的

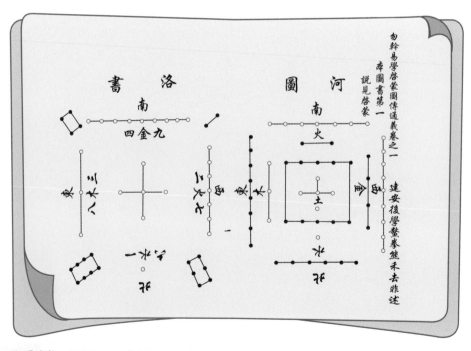

河图洛书

思想主要是"民贵君轻"。道家代表人物有老子、庄子、列子。老子"人法地，地法天，天法道，道法自然"，强调人与自然和谐共生，主张无为而治。法家代表人物韩非子，主张以法治国，"不别亲疏，不殊贵贱，一断于法"。诸家之说不一一而论。"百家争鸣"局面的出现，对我国古代学术思想的繁荣有着重要意义，儒、道、法、兵等思想，一直传承两千年，至今仍被重视并学习。

知识链接

诸子百家

《易经》"观乎天文，以察时变；观乎人文，以化成天下。"今译：观察天地运行规律，明白春夏秋冬四时的变化，观察人世的事情，可以化成天下。

《孟子》"不违农时，谷不可胜食也；数罟不入洿（wū）池，鱼鳖不可胜食也；斧斤以时入山林，材木不可胜用也。"今译：不耽误农业生产的季节，粮食就会吃不完。密网不下到池塘里，鱼鳖之类的水产就会吃不完。按一定的季节入山伐木，木材就会用不完。

《荀子》"草木荣华滋硕之时则斧斤不入山林，不夭其生，不绝其长也；鼋鼍（yuán tuó）、鱼鳖、鳅鳝孕别之时，罔罟、毒药不入泽，不夭其生，不绝其长也。"今译：草木正在开花生长的时候，砍伐的斧头、柴刀不准进入山林。这是为了使它们的生命不夭折，使它们不断生长。鼋、鼍、鱼、鳖、泥鳅、鳝鱼等怀孕产卵的时候，渔网、毒药不准投入湖泽。这是为了使它们的生命不夭折，使它们不断生长。

《齐民要术》"顺天时，量地利，则用力少而成功多。"今译：顺应天时，裁量地理，根据规律办事，那么用力少而成功却多。

诗词歌赋

黄河是中华民族的母亲河，她孕育了华夏文明，在历代诗词歌赋中有不少描写黄河脍炙人口的诗歌。

南北朝·民歌《木兰辞》："旦辞爷娘去，暮宿黄河边，不闻爷娘唤女声，但闻黄河流水鸣溅溅。旦辞黄河去，暮至黑山头，不闻爷娘唤女声，但闻燕山胡骑鸣啾啾。万里赴戎机，关山度若飞。"

唐·王维《使至塞上》："大漠孤烟直，长河落日圆。"

唐·王之涣《登鹳雀楼》："白日依山尽，黄河入海流。"《凉州词二首·其一》："黄河远上白云间，一片孤城万仞山。"

唐·刘禹锡《浪淘沙·九曲黄河万里沙》："九曲黄河万里沙，浪淘风簸自天涯。"

唐·杜甫《戏为六绝句·其二》："尔曹身与名俱灭，不废江河万古流。"

唐·李白《行路难·其一》："欲渡黄河冰塞川，将登太行雪满山。"《将进酒》："君不见，黄河之水天上来，奔流到海不复回。"

唐·孟郊《泛黄河》："谁开昆仑源，流出混沌河。积雨飞作风，惊龙喷为波。"

金·元好问《水调歌头·赋三门津》："黄河九天上，人鬼瞰重关。长风怒卷高浪，飞洒日光寒。"

元·张养浩《山坡羊·潼关怀古》："峰峦如聚，波涛如怒，山河表里潼关路。"

元·许有壬《水龙吟·过黄河》："浊波浩浩东倾，今来古往无终极。经天亘地，滔滔流无，昆仑东北。神浪狂飙，奔腾触裂，轰雷沃日。"

清·宋琬《渡黄河》："倒泻银河事有无，掀天浊浪只须臾。"

清·罗元琦《黄河泛舟》："洪波舣楫泛中流，凫淑鸥汀揽胜游。"

模块5

红色传承

黄河流域孕育了中华民族精神，留下了丰富的红色文化。中国共产党团结带领全国人民经过艰苦卓绝的斗争，结束了近代列强侵略屈辱的历史，昂首屹立在世界的东方。饮水思源，保护、传承、弘扬红色文化功在当代，利在千秋。黄河流域的革命老区，拥有大量丰富的革命纪念遗迹、建筑遗存、革命文物等物质形态资源，以及大量非物质精神文化思想和革命故事，这些宝贵的红色文化资源是弘扬当代爱国主义的英雄史诗。

延安是举世闻名的中国革命圣地。从1935—1948年，中共中央和毛泽东在这里领导、指挥了抗日战争和解放战争，实现了马克思列宁主义同中国实际相结合的第一次历史性飞跃。"老一辈革命家和老一代共产党人在延安时期留下的优良传统和作风，培育形成的以坚定正确的政治方向、解放思想实事求是的思想路线、全心全意为人民服务的根本宗旨、自力更生艰苦奋斗的创业精神为主要内容的延安精神，是我们党的宝贵精神财富。"延安精神，是新中国革命和建设伟大的精神动力。

1941年3月，在物资极其短缺的情况下，八路军三五九旅在南泥湾开展了著名的大生产运动，广大军民自己动手、丰衣足食，为夺取革命胜利奠定了物质基础。南泥湾精神，是抗日军民在南泥湾大生产运动中创造的，是中国共产党及其领导下的人民军队在困境中奋起、在艰苦中发展的强大精神力量，是中国共产党和中华民族的宝贵精神财富，激励着一代又一代中华儿女，在中国革命、建设的过程中发挥了不可替代的重要作用，具有重要的时代价值。

三五九旅在南泥湾开荒

延安宝塔（丁慧 摄）

青海原子城（李炜民 摄）

焦裕禄同志雕像与焦桐（李欣 摄）

知识链接

青海原子城

在黄河的上游，青海省海北藏族自治州海晏县金银滩草原的原子城是中国建设的第一个核武器研制基地，老一辈科技工作者在这里成功研制出中国第一颗原子弹和第一颗氢弹。50 多年前，在我国物质条件十分匮乏的情况下，广大科研工作者响应祖国的号召，放下家室义无反顾地来到了荒芜的青海高原，同心协力创造了"热爱祖国、无私奉献，自力更生、艰苦奋斗，大力协同、勇于登攀"的"两弹一星"精神。1964 年，中国研制的第一颗原子弹爆炸成功。1967 年，第一颗氢弹空爆试验成功。1970 年，"东方红" 1 号人造地球卫星发射成功。这里创造了发射"两弹一星"的科技奇迹。

焦裕禄精神

1962 年冬季，焦裕禄来到当时内涝、风沙、盐碱"三害"肆虐的兰考担任县委书记，在兰考工作了 470 多天，依靠群众、团结群众，带领全县人民战天斗地，以科学技术与革命精神相结合，开创了工程治理和生态治理相结合的新路子，仅用一年多的时间就改变了兰考贫困面貌，得到兰考人民的拥护与爱戴，用实际行动铸就了感天动地的焦裕禄精神。1964 年 5 月 14 日，积劳成疾的焦裕禄同志因肝病不幸逝世，年仅 42 岁。

学习园地

《黄河大合唱》

1938 年 9 月，诗人光未然带领抗敌演剧队第三队，从陕西省延安市宜川县的壶口附近东渡黄河，转入吕梁山抗日根据地。途中目睹了黄河船夫们与狂风恶浪搏斗的情景，聆听了高亢、悠扬的船工号子。1939 年 1 月，光未然抵达延安后，创作了朗诵诗《黄河吟》，并在除夕联欢会上朗诵此作，冼星海听后非常兴奋。同年 3 月，在延安一座简陋的土窑里，冼星海抱病连续写作 6 天，于 3 月 31 日完成了《黄河大合唱》的作曲，热情地讴歌了中华儿女不屈不挠、团结抗日保卫全中国的必胜信念。

《黄河大合唱》这部作品以黄河为背景，由 7 种不同演唱形式的歌曲构成，热情歌颂了中华民族精神，控诉了侵略者的残暴，并展现了中国人民抗击日本侵略者英勇斗争的场面，勾画了中国人民保卫祖国、保卫家乡、保卫黄河顽强抗击侵略者的壮丽画卷。作品气势磅礴，朴实壮美，具有鲜明的民族风格，强烈反映了时代精神，时至今日依然激励着中华民族不屈不挠奋勇向前。

冼星海指挥《黄河大合唱》

模块 6

治河壮举

据史料记载，从先秦到 1949 年的 2540 年里，黄河共决溢 1590 次，改道 26 次，平均"三年两决口，百年一改道"，洪水过后，满目疮痍，良田沙化。黄河善淤、善决、善徙的特性使得黄河的治理和利用成为历朝历代治国安邦的根本任务。

1949 年，黄河水利委员会成立，黄河流域实施统一管理。1955 年 7 月，中华人民共和国第一届全国人民代表大会第二次全体会议审议通过了《关于根治黄河水害和开发黄河水利的综合规划的决议》。1957 年，三门峡水利枢纽开工建设。近 70 年间，党和国家历代领导人都把黄河治理当作重要工作来抓，即使在 1958 年 7 月，黄河发生 22300 立方米每秒洪水的情况下，经过 200 万军民的奋力抢护，依然在不分洪的情况下，战胜了洪水，保证了两岸的安全，再没有发生一次决口。这在以前，几乎是不可想象的事。人民治黄岁岁安澜，创造了几千年黄河治理新的里程碑。

2019 年 9 月 18 日，黄河流域生态保护和高质量发展座谈会在河南郑州召开，会议强调：黄河治理在理念上，要坚持绿水青山就是金山银山；在发展上，要坚持生态优先、绿色发展；在治理上，要坚持以

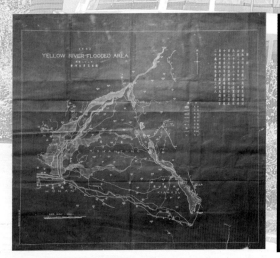

1933 年黄河洪水受灾范围区域图（黄河博物馆 提供）　　历代治河方略（黄河博物馆 提供）

水而定、量水而行；在政策上，要坚持因地制宜、分类施策；在统筹安排上，要坚持上下游、干支流、左右岸统筹，共同抓好大保护，协同推进大治理。新时代黄河流域生态保护和高质量发展以维护中华民族根本利益和全局利益为出发点，以党的统一领导的显著优势和集中力量办大事的优势为支撑，定会完成黄河流域生态平衡的任务，实现大保护、大治理的目标。

知识链接

镇河铁犀

镇河铁犀位于河南省开封市东北约 2 公里处的铁牛村，是明代著名的民族英雄于谦于 1446 年任河南巡抚时所建。铁犀高 2.04 米，围长 2.66 米，坐南向北，面河而卧。它浑身乌黑，独角朝天，双目炯炯，造型雄健，背上铸有于谦撰写的《镇河铁犀铭》。铁犀和黄河上其他地方出土的铁牛一样，是我国古代人民未能正确认识自然的产物。它表达了人民要求根除河患的强烈愿望，也是古代中州大地迭遭水患的历史见证。

镇河铁犀（李炜民 摄）

镇河神兽（李炜民 摄）

学习园地

古代治河名人

贾让（生卒年不详）

《辞海》"汉代治河理论家"。西汉末年黄河多灾，公元前7年，汉哀帝下诏"博求能浚川疏河者"，贾让应诏上书，提出了我国历史上著名的《治河三策》，班固完整地记入在《汉书·沟洫志》中，是目前已知的中国最早对黄河下游兴利除害的治河文献。他不仅提出了防御黄河洪水的对策，还提出了放淤、改土、通漕等多方面的措施，对后世的治河工作产生了深远的影响。

王景（约公元20—90年）

字仲通，东汉著名的治水专家，主持过一次中国古代史上最大规模的治黄活动，经过一年的努力，使桀骜不驯的黄河安流，汴渠恢复了通航功能，大面积被淹没的耕地重新恢复耕种，黄河出现了历史上一个相对稳定的时期，在此后八九百年间史书上少见有关于黄河改道的记载。

潘季驯（1521—1595年）

浙江湖州人，明朝著名的治河专家。1565—1592年间4次主持治河工作，持续治理黄河、运河近10年。提出了"以河治河，以水攻沙"的方策，并采取了筑堤"束水"加大水流冲刷力等措施。潘季驯在治河理论和实践上均有重大建树，全面整修完善了郑州以下两岸堤防，初步形成黄河下游防洪工程体系，著有《两河经略》和《河防一览》等书，系统阐述了其治河方略和经验，对后世治河产生了深刻的影响。

靳辅（1633—1692年）和陈潢（1637—1688年）

两人均为清朝著名的治河专家。1677年，靳辅被康熙皇帝调任河道总督。到任不久，即同陈潢遍阅黄淮形势及冲决要害。两人根据实地调查研究，提出了"治河之道，必当审其全局，将河道运道为一体，彻首尾而合治之，而后可无弊"的治河主张，提出了"淤背固堤"加固黄河堤防方法，即在大堤后面筑月堤，大堤建涵洞引黄河水注入月堤，等泥沙沉淀后，开启月堤涵洞放出清水，这样连续灌水放水，使月堤内洼地淤成平地。该方法不仅使大堤根部牢固，而且每年固堤取土也比较容易。靳辅的著作《治河方略》是后世治河的重要参考文献。陈潢的治河论述由其同乡编写成《河防述言》，同为后世治河者所借鉴。

淤背固堤（黄河博物馆 提供）

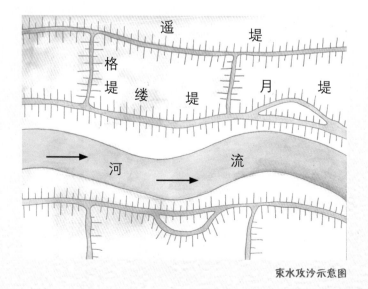

束水攻沙示意图

知识链接

"郑工合龙处"石碑

高192.5厘米，宽75.5厘米，厚14.5厘米。碑阳隶书"郑工合龙处"，碑阴篆书碑记铭文。该碑原立于郑州市惠济区花园口镇石桥村西，为清代河道总督、著名收藏家、金石学家、古文字学家吴大澂亲笔撰写。记述证明光绪十三年（1887年），黄河在郑州下汛十堡东决口、堵复始末的唯一实物，是研究黄河特大堵口工程的重要参照，因而具有重要的历史、科学、艺术价值，被誉为"黄河上的三绝碑"。现收藏于黄河博物馆。

《河防一览图》

又名《两河全图》《全河图说》，藏于国家博物馆，是明代治河名臣潘季驯于万历十八年（1590年）组织绘制。卷纵45厘米，横1959厘米，反映的是万历十六年至万历十八年间（1588—1590年）黄河、运河两河及相关河道的堤防修治等情况，是我国现存最大的一幅治黄水利工程图卷。此图对研究当时黄河、淮河、运河河道的历史变迁、演变以及工程的措施和主要成绩，都具有重要的历史价值。

河防一览图（黄河博物馆 提供）

活动园地

"郑工合龙处"石碑记述了清代最大的一次堵口事件，正是这次堵决成功使黄河南流成为历史、黄河北流成为惯常，为当代黄河下游格局的形成奠定了坚实基础。请查阅资料，尝试向身边伙伴讲述石碑记载事件的来龙去脉。

"郑工合龙处"石碑（黄河博物馆 提供）

丹顶鹤与雁鸭（张金国 摄）

Yellow
River

主题四
黄河的风貌

模块 1

风景名胜

黄河流域悠久的历史，为中华民族留下了十分珍贵的遗产，留下了无数风景名胜，是我们民族的骄傲。

星宿海

星宿海，位于青海省果洛藏族自治州玛多县，东与扎陵湖相邻，西与黄河源流玛曲相接，古人以之为黄河的源头。星宿海，藏语称为"错岔"，意思是"花海子"。星宿海地区海拔 4000 多米，是五岳之首泰山的近三倍高度。这里的地形是一个狭长的盆地，东西长 30 多公里，南北宽 10 多公里。星宿海的无数湖沼在阳光的照耀下，光彩夺目，如同孔雀开屏，十分美丽壮观。因而藏族同胞把黄河源流称作玛曲，意为孔雀河。黄河之水行进至此，因地势平缓，河面骤然展宽，流速也变缓，四处流淌的河水使这里形成大片沼泽和众多的湖泊。在这不大的盆地里，星罗棋布着数以百计的大小不一、形状各异的湖泊，大的有几百平方米，小的仅几平方米，登高远眺，这些湖泊在阳光的照耀下熠熠闪光，宛如夜空中闪烁的星星，星宿海之名大概由此而来。

星宿海（王恒 摄）

沙坡头（阚跃 摄）

沙坡头

　　沙坡头位于宁夏回族自治区中卫市城区西部腾格里沙漠的东南缘。南临黄河，长约38公里，宽约5公里，海拔1300～1500米，总面积4599.3公顷，是全国二十个治沙重点区域之一。现为国家级沙漠生态自然保护区，全球环保500佳单位。

　　保护区的地表水主要有过境的黄河水、大气降水径流和泉水湖泊。黄河丰水期和枯水期径流量变化较大，洪水期平均水深为1.8～8.7米，由于受基地构造的控制，形成一些封闭的内陆湖盆，如碱碱湖、小湖、高墩湖、马场湖、荒草湖等内陆湖泊，总面积721公顷，是多种脊椎动物类群的栖息地。沙坡头集大漠、黄河、高山、绿洲于一处，具西北风光之雄奇，兼江南景色之秀美。不仅有横跨黄河的"天下黄河第一索"、代表黄河文化的古老水车、黄河上最古老的运输工具羊皮筏子，还有沙漠中难得一见的海市蜃楼。咫尺之间可以领略大漠孤烟、长河落日的奇观。

星星酒店（阚跃 摄）

黄河石林

黄河石林

　　黄河石林位于甘肃白银市景泰县东南部，地处黄土高原和腾格里沙漠过渡带，地形总体上为西南、东北高而中间低。中北部的米家山、松山，南部的虎南山、宋家梁山均属祁连山系余脉，中部脑泉凹陷呈舒缓波状丘陵。黄河自东南曲折流入，在龙湾转而向北流，形成深切峡谷。区内最高峰为大峁槐顶，海拔3017.8米，最低点为黄河谷地，海拔1480米。2001年3月5日，黄河石林被列入甘肃省自然保护区名录，保护面积3040公顷。2004年1月被国土资源部批准授牌为国家地质公园。黄河石林景区将黄河、石林、沙漠、戈壁、绿洲、农庄等多种资源巧妙组合在一起，山水相依，动静结合，气势磅礴。以古、奇、雄、险、野、幽见长，充分体现粗犷、雄浑、朴拙、厚重的西部特色，但见长河抱日，峨峰接云，石林耸奇，危崖横断，曲流回旋，平畴十里，新滩故道，水车唱晚。拾级登上南山之巅，则峰林、曲流、绿洲、戈壁尽收眼底，让人心旷神怡。

老牛湾（李炜民 摄）

老牛湾

　　老牛湾是黄河文明的发祥地之一，属新石器的仰韶文化。黄河之水出河套至此拐弯流经深山峡谷奔腾南下，古长城至此逶迤东去。这里的古堡、古楼、古渡、古栈道、古庙、古村落更让人惊叹不已。老牛湾位于山西省和内蒙古自治区的交界处，是长城与黄河握手的地方，是中国最美的十大峡谷之一。黄河从这里入晋，晋陕蒙大峡谷以这里为开端，内外长城在这里交会。位于山西境内的老牛湾堡是明长城山西段的重要关隘。其周长560多米，外墙用石块砌成，有城门洞和瓮城，是一处科学内涵丰富、文化特色浓郁、极具观赏性和科普性的自然文化遗迹。

壶口瀑布

壶口瀑布位于山西省临汾市吉县壶口镇和陕西省延安市宜川县之间的黄河峡谷中。奔腾的黄河在这里由宽变窄，从20多米高的陡崖上倾注而泻，先跌在石上，翻个身再跌下去，三跌、四跌，"千里黄河一壶收"。一川大水硬是这样被跌得粉碎，雨季时涛声隐隐如雷，河谷里雾气弥漫，激流翻滚，白浪滔天，其声方圆十里可闻，其形恰如巨壶倒悬，极为壮观，是世界上著名的瀑布之一。郦道元所著的《水经注》记载道："其中水流交衡，素气云浮，往来遥观者，常若雾露沾人，窥深悸魂。其水尚崩浪万寻，悬流千丈，浑洪最怒，鼓山若腾，潈波颓垒，迄于下口，方知慎子下龙门流浮竹，非驷马之追也。"《元和郡县志》记载道："河中有山，凿中如槽，束流悬注七十余尺。"

壶口瀑布（丘荣 摄）

黄河文化公园（李欣 摄）

黄河文化公园

　　黄河文化公园位于河南省郑州市西北 20 公里处的黄河之滨，南依巍巍岳山，北临滔滔黄河。黄河文化公园对外开放的有五龙峰、岳山寺、大禹山、炎黄二帝塑像、星海湖五大景区，分布着炎黄二帝塑像、大禹塑像、黄河碑林、万里黄河第一桥、极目阁等四十余处景点。它处于中华民族发源地的核心部位，历史古迹丰富，文化遗产深厚。公园的地理特征非常独特，地处黄河中下游的分界线，是黄土高原的终点、华北大平原的起点，也是黄河成为"地上悬河"的起点。在这里，可以欣赏到黄河的"悬、险、荡、阔、浊"等独有特征。

黄河文化公园（李欣 摄）

黄帝陵（李炜民 摄）　　　　　　　　　　　　　　　　　　　　　　轩辕柏（李炜民 摄）

黄帝陵

黄帝陵是轩辕黄帝的陵寝，有"华夏第一陵""中华第一陵"之称。因其位于陕西省延安市黄陵县城北桥山，故又称桥陵，是历代帝王和名人祭祀黄帝的场所。历史上最早举行黄帝祭祀的是在秦灵公三年（公元前422年），秦灵公"作吴阳上畤，专祭黄帝"。自汉武帝元封元年（公元前110年）亲率十八万大军祭祀黄帝陵以来，桥山一直是历代王朝举行国家大祭之地，保存着汉代至今的各类文物。1961年3月，黄帝陵被国务院公布为第一批全国重点文物保护单位。

黄帝陵内有一株轩辕柏，是世界上最古老的柏树。相传其为黄帝亲手所植，虽经历了5000余年的风霜，至今挺拔伫立、枝叶繁茂，树高20米以上，胸围7.8米，有"七搂八扎半，疙里疙瘩不上算"之说，树冠覆盖面积达178平方米，堪称"华夏第一柏"。

三门峡天鹅湖

九曲黄河，磅礴奔涌，冲关越隘，一泻千里，直冲壶口之后，转了个"几"字形大弯，被"万里黄河第一坝"拦腰斩断，陡然平静下来，在三门峡形成了一个数万公顷的沼泽湿地，水面宽阔，生态环境良好，滩涂及水域饵料丰富。每年十月都有数以万计的白天鹅，从遥远的西伯利亚经过长途迁徙，到此栖息越冬，成为中国唯一的内陆城市天鹅栖息地，大天鹅数量占全国三分之二。在景区波光粼粼的湖面上，成千上万只白天鹅自由自在地飞翔，或安详优雅地结伴嬉戏，或温情脉脉地交颈摩挲，或悠闲自得地以嘴梳理羽毛，或颈扎水中翩翩跳起"芭蕾舞"。这些圣洁的仙鸟，或飞，或游，或走，或卧，千姿百态，形成黄河上一大自然景观。

三门峡市天鹅湖国家城市湿地公园（李欣 摄）

黄河入海口

"黄河之水天上来，奔流到海不复回"，诗中所指"奔流到海"就是东营的黄河入海口，它地处渤海与莱州湾的交汇处。黄河入海口的壮丽与长河落日的静美珠联璧合，堪称天下奇观。黄河入海时，黄绿泾渭分明。黄河千年的流淌与沉淀，每年造陆200公顷，在它的入海口成就了世界上暖温带保存最广阔、最完善、最年轻的湿地生态系统——黄河三角洲湿地，演绎真实的"沧海桑田"。湿地内拥有河海交汇、湿地生态、石油工业和滨海滩涂等黄河三角洲独具特色的生态旅游资源。景区内鸟类资源丰富，珍稀濒危鸟类众多。"河海交汇""新生湿地"和"野生鸟类"三大品位好、体量大、价值高的旷世奇观资源，具有独特的旅游资源禀赋和不可复制性，是独一无二的世界级旅游资源。

河海交汇（郭雪 摄）

东营黄河入海口湿地（李炜民 摄）

黄河落日（李欣 摄）

活动园地

1. 你的家乡在哪里？有哪些名胜古迹？选择其中 1~2 个，制作一份导览图，撰写一段解说词，说一说它的风貌，讲一讲它的故事，为外地客人介绍家乡的旅游资源。

2. 我们俗称的天鹅，其实是鸟纲、雁形目、鸭科、天鹅属的 7 种天鹅的统称。我国有 3 种天鹅，即大天鹅、小天鹅和疣鼻天鹅。在野外观察时，你能找到如何快速分辨它们的方法吗？

3. 大天鹅体型高大，体长可达 120~150 厘米左右，体重约 10 千克，你认为大天鹅作为一种大型游禽，可以飞多高呢？

大天鹅是世界上飞得最高的鸟类之一（能和它比高的还有高山兀鹫），能飞越世界屋脊——珠穆朗玛峰，最高飞行高度可达 8000 米以上。

疣鼻天鹅（崔多英 摄）（前额具有黑色疣状突）

小天鹅（崔多英 摄）
（嘴部黄色仅限于嘴基的两侧，沿嘴缘不延伸到鼻孔以下）

大天鹅（吴秀山 摄）（嘴基的黄色延伸到鼻孔以下）

知识链接

陕北窑洞

陕北窑洞，是中国五大传统民居建筑之一。陕北黄土高原的千沟万壑中错落着各式各样的窑洞：土窑、石窑、砖窑、接口子窑、薄壳窑、柳把子窑、土基子窑、地窨子窑、崖窑等。窑洞是陕北人的传统居所，一方水土养育一方人。《诗经·大雅·绵》中即有"陶复陶冗，未有家室"的吟唱。可以说，从轩辕黄帝起，陕北先民就居住在窑洞内，冬暖夏凉。一院窑洞一般修三孔或五孔，大多中窑为正窑，有的一进三开，上圆下方，符合"天圆地方"之说，凝聚着当地人民的建筑智慧。窑洞是陕北的摇篮，它孕育了生命，孕育了梦想，孕育了多姿多彩的陕北文化。窑洞里飘出了小米香、米酒香、菜肴香，飘出了信天游的歌子，是陕北独特的文化符号。延安作为新中国革命圣地，毛泽东、周恩来、朱德等第一代领导人就住在窑洞里，毛泽东在袁家沟的窑洞里写下了脍炙人口的词《沁园春·雪》，热情地赞扬陕北"延安的窑洞里有马克思主义"。

陕北窑洞

鲤鱼跃龙门

　　龙门位于壶口瀑布南部约 65 公里处，在晋陕峡谷的最南端龙门之南，就是开阔平坦的关中平原。黄河之水从狭窄的龙门口突然进入宽阔的河床之中，河性发生很大变化。龙门的形成，是其东侧的龙门山和西侧的梁山各伸出山脊，相互靠拢，形成一个只有 100 多米宽的狭窄口门，好像巨钳，束缚着河水，形成湍急的水流。每当洪水季节，由于峡口中的水位壅高，而出现了峡谷，河谷突然变宽，水位则骤然下降，于是在龙门形成明显的水位差，故有"龙门三跌水"之说。沿袭相传的"鲤鱼跳龙门"的故事，就是指跳跃此处的跌水。该故事说的是小鲤鱼不畏险阻，纷纷跳跃这道通向成龙道路上的门关，能跃过去者，便能成龙。只有那些百折不挠的小鲤鱼，最终才能成龙。这个故事千百年来也激励着炎黄子孙顽强拼搏，奋斗不息。古代人们对龙门峡这种自然奇观的形成，感到不可思议，便想象为大禹所凿开的一条峡口，因而龙门又被称为"禹门口"。

龙门（视觉中国）

中流砥柱

中流砥柱位于三门峡大坝下方的激流之中，冬季水浅的时候，它露出水面两丈多；洪水季节，它只露出一个尖顶，看上去好像马上就被洪水吞没，惊险万分。千百年来，无论狂风暴雨的侵袭，还是惊涛骇浪的冲刷，它一直力挽狂澜，巍然屹立于黄河之中，如怒狮雄踞，刚强无畏，自古被喻为中华民族精神的象征。公元638年，唐太宗李世民来到这里，写下了"仰临砥柱，北望龙门，茫茫禹迹，浩浩长春"的诗句，命大臣魏征勒于砥柱之阴。著名书法家柳公权也为它写了一首长诗，其中有"孤峰浮水面，一柱钉波心。顶压三门险，根随九曲深。柱天形突兀，逐浪势浮沉"等佳句。

中流砥柱（视觉中国）

羊皮筏子

羊皮筏子俗称"排子"，是一种古老的渡船工具。羊皮筏子的制作工艺非常复杂，先是将山羊割去头蹄，然后将囫囵脱下的羊皮扎口，用时以嘴吹气，使之鼓起，宰杀后的全羊需要经过剥皮、浸水、暴晒、去脂、扎口、灌入食盐和香油等多道工序后，才能成形。十几个"浑脱"制成的"排子"，一个人就能扛起，非常轻便。游人坐在"排子"上，筏工用桨划筏前进，非常有趣。

据考证，这种水上交通工具至少已有 2000 多年的历史。在《后汉书》中就有"缝革囊为船"的记载；而《水经注·叶榆水篇》中也有关于"乘革船南下"的描述；《宋史王延德传》则表述更加直接："以羊皮为囊，吹气实之浮于水。"

羊皮筏子（申珂 摄）

模块 2

物产资源

　　黄河流域矿产资源丰富，在全国已探明的 45 种主要矿产中，黄河流域有 37 种。其中具有全国优势（储量占全国总储量的 32% 以上）的有稀土、石膏、玻璃硅质原料、铌、煤、铝土矿、铝、耐火黏土 8 种。黄河流域又被称为"能源流域"，煤炭、石油、天然气和有色金属资源丰富，煤炭储量占全国一半以上，是我国重要的能源、化工、原材料和基础工业基地。流域内的大型油田包括胜利油田、延长油田、华北油田和中原油田等，其中胜利油田为中国的第二大油田。

胜利油田（视觉中国）

准格尔黑岱沟露天煤矿（王春生 摄）

学习园地

地理标志物产

黄河大鲤鱼

黄河大鲤鱼

黄河鲤鱼主要分布在我国宁夏、内蒙古、山西、河南等地黄河主河道里。黄河鲤鱼金鳞赤尾、体态丰满，肉质肥厚、细嫩鲜美，同淞江鲈鱼、兴凯湖鱼、松花江鲑鱼一起被誉为我国四大名鱼，曾经作为国宴食材招待外宾。自古就有"岂其食鱼，必河之鲤""洛鲤伊鲂，贵如牛羊"之说，一向为食之上品。以"金铠甲红尾巴，头到尾一尺八，眼似珍珠鳞似金，鲤鱼腾出如有神"驰名中外，有"吉祥鱼"之说，鲤鱼跳龙门传说更是家喻户晓，历代文人均有咏作。蔡邕"客从远方来，遗我双鲤鱼，呼儿烹鲤鱼，中有尺素书"；白居易称其为"龙鱼"，李白"黄河三尺鲤，本在孟津居，点额不成龙，归来伴凡鱼"。

小米

小米又称粟，原产于中国北方黄河流域，中国古代的主要粮食作物。《春秋说题辞》载："西及金所立，米为阳之精。"故"西"字合"米"字为粟。粟对土壤要求不高，适应性强，最适宜在富含机质的黏壤土或砂壤土上生长。粟的营养价值高，富含蛋白质、维生素、烟酸、钙等，适合身体虚弱的人补充营养，有"代参汤"的美称。李白"家有数斗玉，不如一盘粟。"粟一直是中国北方民众的主食之一，

丰收的小米

通称"谷子"，中国早期的酒也是用小米酿造的。粟的秆、叶是骡、马、驴的良好饲料。山西长治沁州黄小米、山东金乡县的马坡金谷小米、章丘县的龙山小米，河北蔚（yù）县的桃花米并称为我国"四大名米"。

中药材

黄河流域是中医药文化的发源地，中医药文化是黄河文化的重要组成部分。这片土地孕育出许多重要的中药材。如四大怀药是我国有名的道地药材，指的是山药、菊花、地黄、牛膝四种中药，因产自怀庆府（古代河南省西北部的一个府），又名怀山药、怀菊花、怀地黄、怀牛膝。它们都有历史悠久、品种优良、产量丰富、药效突出等特点。

安泽连翘：古称"岳阳连翘"，素有"全国连翘在山西，山西连翘在安泽"的美誉。

贝母：享誉世界的名贵中药材，甘肃贝母是贝母的代表。贝母花与果实均可入药，但以果实入药为主。

甘肃贝母（年宝玉则生态环境保护协会 提供）

连翘（王宇 摄）

> **活动园地**
>
> 1. 讲一讲鲤鱼跃龙门的故事。
> 2. 以家乡一种特产为例，从形态特征、功能特效以及价值推广进行介绍，把它制作成一张特产名片。

枸杞：药食同源的营养保健型食材和名贵中药，《本经》中记载："枸杞，主五内邪气，热中消渴，周痹风湿。久服，坚筋骨，轻身不老，耐寒暑。"宁夏因枸杞优质的品质被誉为枸杞之乡。

枸杞（刘广宁 摄）

黄芪：《本草纲目》中记载黄芪甘温纯阳，其用有五：补诸虚不足，一也；益元气，二也；壮脾胃，三也；去肌热，四也；排脓之痛，活血生血，内托阴疽，为疮家圣药，五也。内蒙古、甘肃、山西、陕西产地品质最佳。

甘草：据我国《中药大辞典》记载，杭锦旗"梁外甘草"是我国乌拉尔甘草的典型代表，以其皮色红、粉性足、含酸多、切面光、微量元素丰富、药用价值高等特点畅销国内外市场。清朝嘉庆年间，山西商人走西口进入杭锦旗库布其沙漠一带，设立了甘草商行，杭锦旗也因此被列为国家的甘草之乡。

甘草（李雯琪 摄）

黄芪（刘广宁 摄）

模块 3

非遗技艺

麻编技艺

麻是一类草本植物，茎非常有韧性，沤后可以编织做成许多生活实用品。黄河流域是我国麻类植物的主产区，因此生活在此的先民发展出麻编工艺，以麻类植物纤维为原料，编制各类生活用品，不仅美观，而且具有吸潮、透气、坚韧、不易腐蚀等优点。一件好的麻编作品看似简单，实则需要极高的技艺水准。从设计、用材、编织、造型到最后成型，需要耗费大量的时间与精力。

麻编技艺

华阴老腔

华阴老腔主要流行于陕西省华阴市的双泉村，其声腔刚直高亢、磅礴豪迈，追求自在、随兴的痛快感，被誉为"黄土高坡上最早的摇滚"。

华阴老腔

民间剪纸

剪纸是中国最古老的传统民间艺术之一。作为一种镂空艺术，在视觉上给人以透空的感觉和艺术享受。其载体可以是纸张、金银箔、树叶、布、皮、革等片状材料。黄河流域有很多地区民间剪纸盛行，特别表现在节假日与婚丧嫁娶，题材多样，喜庆祥和，是中华民族传统文化的有机组成部分。

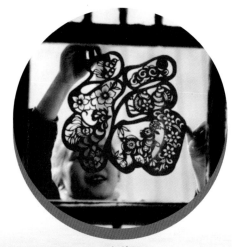

民间剪纸

黄河号子

黄河号子是黄河儿女千百来年在长期的修筑堤坝、防洪抢险、拉纤行船的劳动实践中与黄河互动形成的曲调，是黄河儿女真实生活的艺术化表现。内容丰富多彩，旋律高亢昂扬，是极具地方特色的民间艺术形态。

黄河号子因不同的劳动实践可分为：河工号子、土嗯号子和船工号子。黄河号子真实体现了团结协作、同舟共济、奋勇拼搏的精神力量，是中华民族宝贵的非物质文化遗产。

骑马号节奏明快，声调高亢激昂，催人上进。在语调拉长后可变换成多个、多用途的号种。

绵羊号节奏缓慢，可使人们的紧张情绪得到调整，常在人们疲倦困乏或后半夜时使用。

小官号节奏先慢后快，柔中有刚，融紧张气氛于娱乐之中。

花号是历代河工为迎接河官作汇报表演的一个号种。其曲调优美，鼓舞斗志，但下桩速度慢，不实用，为纠正其缺点，常与骑马号配合使用，使人们的疲倦之意顿时消失。

河工号子（推枕）

河工号子（打桩）

河工号子（捆枕）

河工号子（搂厢）

河工号子（黄河博物馆 提供）

黄河泥埙

埙乐自古便在中原兴盛，源远流长。其中河南省西北部的武陟县有一种视之古拙可人、闻之摄人心魄的古埙——黄河泥埙，被誉为"会唱歌的黄河泥土"。其用料独具武陟县黄河文化地域特色，音色优美，音准一流，造型高贵典雅，既小巧精致，又大气厚重，成为传承传播中国黄河文化的新秀载体。

黄河泥埙

知识链接

二十四节气：是中国古代劳动人民总结出来，反映太阳运行周期的规律，古人们依此来进行农事活动。2006 年"二十四节气"作为民俗项目列入第一批国家级非物质文化遗产名录。2016 年联合国教科文组织正式通过决议，将我国申报的"二十四节气——中国人通过观察太阳周年运动而形成的时间知识体系及其实践"列入联合国教科文组织人类非物质文化遗产代表作名录。二十四节气指导着传统农业生产和日常生活，被誉为"中国的第五大发明"。

二十四节气反映了太阳对地球产生的影响，属阳历范畴。它是通过观察太阳周年运动，认知一年中时令、气候、物候等方面变化规律所形成的知识体系。它不仅在农业生产方面起着指导作用，同时还影响着古人的衣食住行，甚至是文化观念。现在使用的农历吸收了干支历的节气成分作为历法补充，并通过"置闰法"调整使其符合回归年，形成阴阳合历。

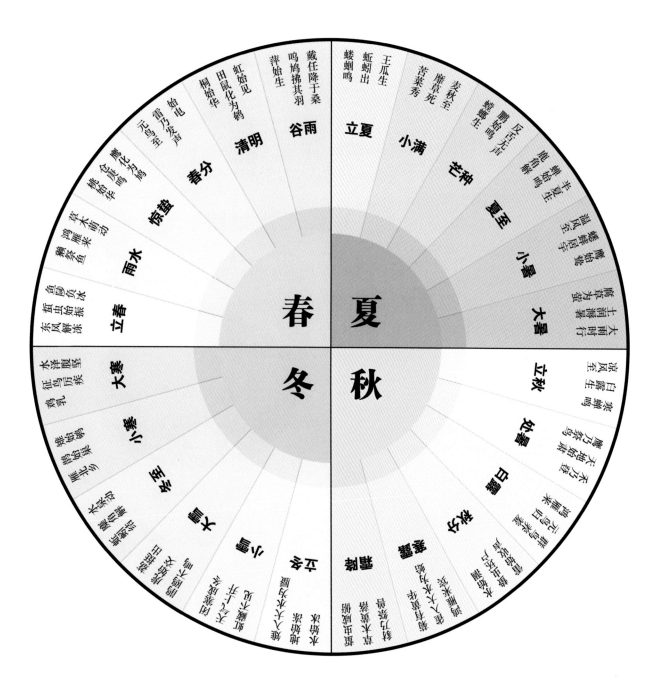

二十四节气与农耕生活

模块 4

黄河美食

黄河稻渔

黄河理生态实践

乡村振兴示范区点

莜面窝窝

莜面窝窝是用由莜麦加工而成的面粉精工细作的一种面食品，因其形状像"笆斗"，民间叫"栳栳"。其是内蒙古、山西高寒地区的一种传统风味名吃，属于晋菜。其工艺讲究，成形美观与口感劲道完美结合，加上"羊肉臊子台蘑汤，一家吃着十家香"，便成了地地道道的美食，就连康熙皇帝朝拜五台山时，也以品此为人生快事。

莜面窝窝

马馍馍

马馍馍是馍馍的一种，是甘肃岷县的闾井地区在端午节才吃的马形饼，手掌大小，半厘米厚，单面点染红、黄、绿等颜色，其形似马，故称马馍馍。这是先辈们在纪念那些战死疆场的另一种英雄——战马，或是表达着一种对为人类服役了一生的马的怀念，或是表达着一份对马神的敬仰。

马馍馍

羊肉烧麦

羊肉烧麦是内蒙古呼和浩特特色美食。原材料有带肥羊肉、大葱、姜、花椒粉、姜粉、胡麻油、盐、水淀粉。将羊肉馅、葱、姜碎、白胡椒粉、生抽酱油、香油、盐一同放入碗中，用筷子搅拌均匀。然后分多次加入少许花椒水，顺时针搅拌上劲。烧麦皮制作工艺讲究，薄带裙边，一两八个，皮薄、馅大、味道鲜美。

羊肉烧麦

焙子

焙子

焙子是将发酵的河套白面兑食用碱揉匀，再分别掺入植物油、糖、盐、鸡蛋等，成形后放入特制的炉灶，先烙后烘烤而成的一种食品，香酥可口，外脆内暄，麦香浓郁。品种有白焙子、咸焙子、甜焙子，形状有圆形、方形、三角形和牛舌形等。

全奶席

黄河流域蒙古族的"全奶席"如同汉族的"饺子宴"一样，是饮誉中外的风俗宴席。全奶席集宫廷奶食品与民间奶食品的精华，处处体现了蒙古族人民的勤劳与智慧。全奶席约有三十多个品种，每种奶食品既是一道色香味俱佳的"菜肴"，又是一件精美绝伦的工艺品。

全奶席

糖醋鲤鱼

"糖醋鲤鱼"是山东济南的传统名菜。济南北临黄河，黄河鲤鱼不仅肥嫩鲜美，而且金鳞赤尾，形态可爱，是宴会上的佳肴。黄河鲤鱼先经油锅炸熟，再用著名的洛口老醋加糖制成糖醋汁，浇在鱼身上，香味扑鼻，外脆里嫩带酸，便成为一款名菜，其中以老济南的汇泉楼所制的"糖醋鲤鱼"最为著名。

糖醋鲤鱼

活动园地

说出一种你最喜欢吃的家乡美食。

黄河稻渔生态观光园（刘志劲 摄）

模块 5

民风民俗

泰山石敢当习俗

泰山石敢当习俗是远古人们对灵石崇拜的遗俗，在我国流传较久远、影响广大，属于镇物（避邪物）文化。关于"石敢当"的文字记载，最早见于西汉史游的《急就章》"师猛虎，石敢当，所不侵，龙未央"。其

泰山石敢当

本义就是：灵石可以抵挡一切。从民俗学来说，这源于古人对石头的原始崇拜。远古人类曾用石斧、石刀、石镰来猎兽、采掘、种植、取火、自卫……从艰难的洪荒时代顽强地生活下来。"石敢当"，正是对石头崇拜的流风余韵，是民俗学上一个有趣的现象。而泰山脚下民间传说中，石敢当化身为人，惩恶扬善，驱魔除邪，声名远扬，逐渐和石头崇拜相结合，成为泰山石敢当。泰山石敢当所表现的"吉祥平安文化"体现了人们普遍渴求平安祥和的心理，体现了中华民族的人文精神和文化创造力。泰山石敢当习俗历经千年而不绝，主要是因为它与"中国人魂归泰山"的信仰结合在一起，同时也与各地的传统民间信仰和民俗文化相结合。

黄帝陵祭典

黄帝陵祭典是在长期实践中形成的具有一定规模的祀典礼仪，大致可分为官（公）祭、民祭两种形式。为了纪念和缅怀始祖精神，先民就有了隆重的祭祀活动。中华人民共和国成立后，尤其是改革开放以来，黄帝陵祭典越来越受到海内外华夏儿女的关注，祭祀规模也日渐隆重，祭祀黄帝已成为传承中华文明、凝聚华夏儿女、共谋祖国统一、开创美好生活的一项重大活动。

乞巧节

乞巧节民俗历史悠久，与中华民族"七夕"文化同源同根。风俗历时七天八夜，活动内容丰富，形式多样。整个活动分为坐巧、迎巧、祭巧、拜巧、娱巧、卜巧、送巧七个环节。每一环节均有歌舞相伴，又有几个富有特征性的仪式，因而留存了大量的乞巧唱词、曲谱、舞蹈形式以及与农耕文明相关的崇拜仪式，还有与生活相关的纺织女工、服饰、道具、供果制作等。

活动园地

1. 剪——美丽家园："一剪之巧夺天工，美在民间永不朽。"请你在老师的指导下创作一幅剪纸作品。

2. 绘——魅力黄河：在老师的指导下，以黄河流域特色植物、动物、美食、风景等作为创作元素，画一幅黄河宣传画。

上巳节

上巳（sì）节俗称三月三，因有"三月三，生轩辕"的说法，固有纪念黄帝的节日之说。该节日在汉代以前定为三月上旬的巳日，是古代举行"祓除畔浴"活动中最重要的节日。《周礼》郑玄注："岁时祓除，如今三月上巳如水上之类。"祓禊，意思是到水滨去洗濯（zhuó），去除宿垢，同时带走身上的灾晦之气，有祈福的意义。《后汉书》记载道："是月上巳，官民皆洁于东流水上，曰洗濯，祓除去宿垢痰（chèn）为大洁"，此后又增加了祭祀宴饮、曲水流觞、郊外游春等内容。

黄帝陵清明祭祀大典（黄河博物馆 提供）

保护好黄河流域生态环境，是实现中华民族伟大复兴、两个一百年奋斗目标的重要标志。绿水青山就是金山银山，作为中华民族的母亲河，统筹推进沿河两岸山水林田湖草沙综合治理、系统治理、源头治理，着力保障黄河长治久安，是促进全流域高质量发展，着力改善人民群众生活的重要举措。黄河不但孕育了中华儿女，也为无数大自然生命提供了栖息繁殖的家园。

闲庭信步的苍鹭（张金国 摄）

Yellow
River

模块 1

水源涵养

水源涵养是指生态系统通过其特有的结构与水相互作用，对降水进行截留、渗透、蓄积，并通过蒸发实现对水流、水循环的调控。水源涵养功能主要是指植被作为下垫面，对降雨径流过程的调节作用，主要表现为拦蓄雨水和调节径流。在降雨过程中，植被通过冠层、地表凋落物和土壤层来拦蓄雨水，进而起到削减洪峰的作用。从长时间的尺度来看，植被通过丰水期蓄积的降雨，枯水期补充进入河道，从而起到调节河流流量的作用。

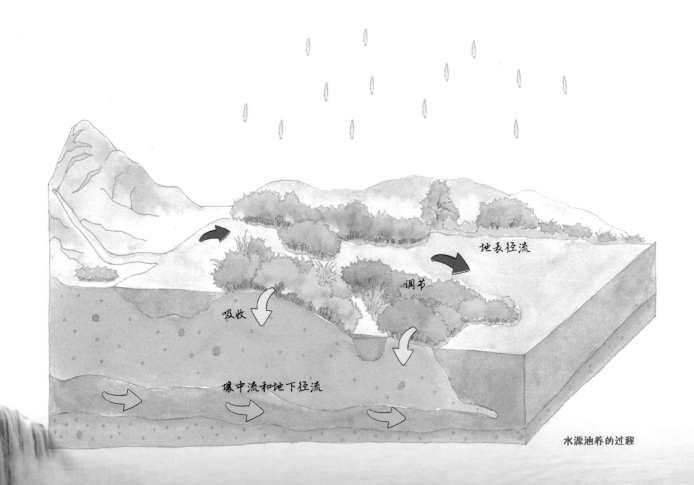

水源涵养的过程

黄河湿地涵养水源（李友崇 摄）

黄河流域境内地势起伏剧烈，地貌类型多样、生境十分复杂，自东向西跨越了落叶阔叶林带、草原地带、荒漠地带和青藏高原植被带4个植被带。黄河源区地处青藏高原东北端，是黄河流域最大的产流区，是我国淡水资源最重要的生态功能区和主要补给区。黄河发源后汇入星宿海，这里河谷宽阔，湖泊众多，是黄河源区内最大的盆形湿地，黄河总水量的49%来自于河源地区，素有"中华水塔"之称。黄河流域中上游丰富的植被覆盖类型特别是湿地、沼泽等蓄积降雨后径流雨水，对黄河中下游干支流进行补给，提高了黄河流域内水分稳定性，是西北和华北地区最大的水源，供给全国15%耕地面积的灌溉和12%人口的供水。

模块 2

土壤保持

土地是人类赖以生存的宝贵资源。植被覆盖可以明显地削减雨水对表土的冲刷，减少水土流失，湿地可以有效延缓水流速度，让黄河流域内泥沙沉积下来，从而起到截留泥沙、减少土壤流失的作用。黄河流经的黄土高原是我国典型的生态脆弱区和世界上水土流失最为严重的区域，产生的大量泥沙使黄河下游成为世界闻名的"地上悬河"，严重威胁我国华北地区的防洪安全和生态安全。推进黄河流域水土保持，加强生态环境保护，是国家近年来治理黄河流域水土流失的重要举措，尤其是在上中游地区，划定生态红线与自然保护区，持续的封山育林和封草禁牧减少了土壤流失量，黄河水以肉眼可见的速度在变清、变亮。

同等雨量、不同植被下的水土流失

知识链接

黄河的含沙数据：黄河是世界上输沙量最大、含沙量最高的河流。据1919—1960年实测资料统计，三门峡站的多年平均年输沙量约16亿吨，平均含沙量35千克每立方米，年输沙量之多、含沙量之高，在世界大江大河中绝无仅有。如果将年均入黄泥沙堆成1米见方的土堆，约可绕地球赤道27圈。在进入黄河下游的泥沙中，粗泥沙约占总沙量的21%，其淤积量约为黄河下游河道总淤积量的50%。

黄河主要支流中，多年平均来沙量超过1亿吨的有4条，其中来沙量最多的是泾河，多年平均来沙量高达2.62亿吨，占全河来沙量的16.1%。黄河泥沙有三大特点：一是输沙量大，水流含沙量高。三门峡站多年平均含沙量35千克每立方米，实测最大含沙量911千克每立方米(1977年)，均为大江大河之最；二是地区分布不均，水沙异源。泥沙主要来自中游的河口镇至三门峡区间，来沙量占全河的89.1%，来水量仅占全河的28%；三是年内分配集中，年际变化大。黄河泥沙年内分配极不均匀，汛期7~10月的来沙量约占全年来沙量的90%，且主要集中在汛期的几场暴雨洪水。

活动园地

请使用同等容量的干净容器，收集身边三处水源样本（湖泊、河流、自来水管）的水样，做好样本标记和采样记录。静置1小时后，观察三处样本中的沉淀物都有什么，哪个含沙量比较大，试一试分析原因。

	采样时间	采样地点	观察时间	观察结果
样本1				
样本2				
样本3				
结论：				

模块3

洪水调蓄

　　洪水调蓄是指具有丰水期储水、枯水期放水的流域性河道、湖泊、水库、湿地及低洼地等区域，在洪水到来时，可以有效削减洪峰、降低流速、减少流量、降低洪水造成的经济损失。洪水调蓄能力主要取决于湖泊及水库的容积，容积越大，调蓄洪水的能力越强。自然沼泽湿地对流域内的洪水调蓄能力同样强大，由于沼泽湿地长期积水，植物的草根层疏松多孔具有很强的持水能力，是蓄水防洪的天然"海绵"。

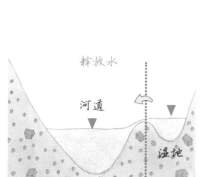

→ 河流流动方向

→ 流动方向

→ 流向注入阶段

湿地洪水调蓄过程

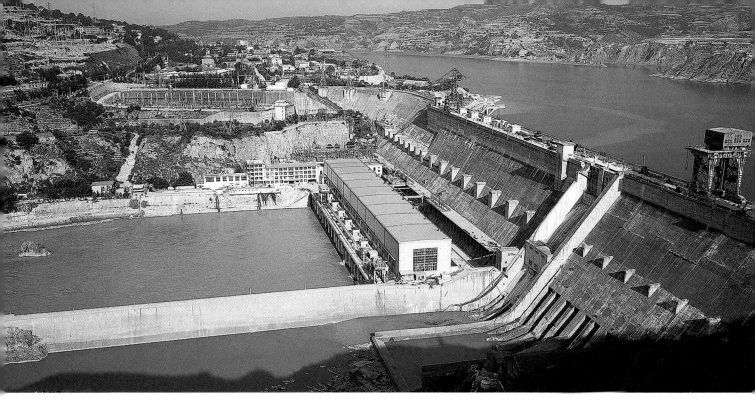

三门峡水利枢纽工程（黄河博物馆 提供）

经过国家持续治理，黄河流域防洪减灾体系基本建成。勤劳智慧的中国人民在黄河流域修建了一座座水利工程，从上游的龙羊峡水电站、青铜峡水利枢纽，到中游的海勃湾水利枢纽、黄河潼关水文站、小浪底水电站，再到下游的三门峡水利枢纽，这些都凝结着中华民族智慧的水利工程，充分发挥了洪水调蓄、调沙降沙、水能发电等重要功能。中华人民共和国成立70余年，黄河流域再没有出现决口，创造了世界大河流域防灾防洪史上的奇迹，实现了"伏秋大汛，岁岁安澜"，确保了人民生命财产安全。

知识链接

三门峡水利枢纽

被誉为"万里黄河第一坝"，是中华人民共和国成立后在黄河上兴建的第一座以防洪为主的综合大型水利枢纽工程。控制流域面积 68.84 万平方公里，占流域总面积的 91.5%，控制黄河来水量的 89% 和来沙量的 98%。工程始建于 1957 年、1960 年基本建成，主坝为混凝土重力坝，主坝长 713.2 米，最大坝高 106 米。

青铜峡水利枢纽工程（视觉中国）

青铜峡水利枢纽

青铜峡水利枢纽位于宁夏回族自治区的黄河中游青铜峡谷出口处，是一座以灌溉、发电为主，兼顾防洪、防凌等多种功能的综合性水利工程。枢纽的兴建结束了宁夏灌区两千多年无坝引水的历史。1958 年 8 月 26 日工程开工兴建，1967 年第一台机组发电，是我国第一座也是唯一的闸墩式水电站，总长 693.75 米，最大坝高 42.7 米。

小浪底水利枢纽

小浪底水利枢纽位于河南省洛阳市孟津县与济源市之间，是黄河中游最后一段峡谷的出口。坝顶长 1317.34 米，宽 15 米，坝顶高程 281 米，最大坝高 154 米。小浪底水利枢纽是黄河干流三门峡以下唯一能够取得较大库容的控制性工程，既可以较好地控制黄河洪水，又可以利用其淤沙库容拦截泥沙，进行调水调沙以减缓下游河床的淤积抬高。主体工程于 1994 年 9 月 12 日开工，2001 年 12 月 31 日工程全部竣工。

小浪底水利枢纽（黄河博物馆 提供）

学习园地

小浪底水利枢纽调水调沙原理：利用水库蓄水蓄泥沙、流量调节这两个功能，形成一个接近泥沙输运理想值的人造洪峰过程。

1. 小浪底水库在调水调沙之前，虽然发挥拦沙作用，但下游6个控制站当中有4个同流量水位是上升的（淤积），调水调沙之后平滩流量恢复。将水库和下游河道中淤积的泥沙，冲到海里去，缓解水库、河道的泥沙淤积。

2. "调水调沙"就是利用水库的调节库容，人为制造"洪水"冲刷河道，从而减少下游河道淤积甚至达到冲淤平衡，遏止河床抬高。非汛期下泄清水挟沙入海以及人造峰冲淤，对下游河床有进一步减淤作用。

3. 小浪底水利枢纽采用"人工扰沙"方式。就是通过搅动让河底淤沙上浮，使其与自然水流一起下泄，从而达到清淤输沙的目的。

特别介绍

　　2010 年 7 月 28 日，中国科学院西北高原生物研究所吴玉虎研究员在青海省三江源自然保护区的海南州同德县境内发现了一片罕见的桎柳和小叶杨古树群。整个林区面积约 60 公顷，其中核心区就有 16 公顷以上。《中国植物志》桎柳科编写者张耀甲和桎柳科植物专家刘名廷教授认为一般可见到的野生桎柳多为灌木而较少为小乔木，且小乔木的直径一般在 20 厘米左右，高 1.5 ~ 6 米。直径在 100 厘米以上的乔木植株堪称桎柳中的"树王"，单株已是罕见，况且成林，并形成一个独立的居群是自然界的重大发现。这种情况不仅在青海绝无仅有，在全国乃至世界范围内亦未见记载或报道。2011 年 8 月 25 日至 30 日，中国科学院新疆生态与地理研究所潘伯荣研究员与中国科学院西北高原生物研究所吴玉虎研究员，带学生一行 10 人，对古桎柳林做了详细的调查研究。对胸径大于 1 米的 333 株野生甘蒙桎柳古树和树龄在 100 年以上的 15 棵小叶杨树进行了编号和测量。甘蒙桎柳最高 16.8 米，最大地围 8.2 米，最大胸围 2.6 米。然而，由于羊曲水电站的建设，古桎柳林面临直接被淹没的危险。2016 年 9 月，林学、生态学、植物学、自然地理学、风景园林学等 11 位院士上书呼吁"保护青海同德县罕见桎柳古树"。青海省人民政府作出决定：桎柳在没有得到安全保护的前提下不得蓄水。2017 年 1 月，由中国科学院植物研究所植被与环境变化国家重点实验室、中国林业科学研究院林业研究所、荒漠化研究所组成的青海甘蒙桎柳调研组研究报告作出结论：淹没区桎柳超过 100 年树龄的只有两株，一株已倒伏，另一株已心腐，可考虑迁移。2020 年桎柳移出库区。

柽柳（李炜民 摄）

模块 4

生物多样性

黄河流域是连接青藏高原、黄土高原、华北平原的生态廊道，拥有三江源、祁连山等多个国家公园和国家重点生态功能区，是我国重要的生态屏障。黄河流域汇集了种类丰富、特色鲜明的动植物资源，已建立自然保护区 680 余处（其中国家级自然保护区 152 处），主要分布在黄河源头、祁连山、贺兰山、太行山、秦岭、黄河三角洲等生物多样性、水源涵养、土壤保持等生态功能极为重要的区域，约占流域总面积的 17%。

金雕（野性中国 提供）　　　水母雪兔子（野性中国 提供）　　　高山兀鹫（野性中国 提供）

高原鼠兔（野性中国 提供）　　　玉带海雕（荒野新疆 提供）　　　白尾海雕（关翔宇 摄）

在黄河流域湿地鸟类中，国家一级重点保护种类有玉带海雕、白尾海雕、东方白鹳、黑鹳、丹顶鹤、遗鸥、白鹤、大鸨（bǎo）、白头鹤、白枕鹤10种。国家二级重点保护种类有13种，包括角雉、斑嘴鹈鹕、黄嘴白鹭、白琵鹭、白额雁、大天鹅、小天鹅、鸳鸯、灰鹤、白枕鹤、蓑羽鹤等。列入世界自然保护联盟濒危动物红色名录或中国物种红色名录的受威胁物种有15种，其中濒危等级2种，为东方白鹳、丹顶鹤。

东方白鹳（高原 摄）

黑鹳（崔多英 摄）

丹顶鹤（野性中国 提供）

遗鸥（戎志强 摄）

白鹤（张金国 摄）

大鸨（吴秀山 摄）

白头鹤（崔芳洁 摄）

世界上唯一生长并繁殖于高原的鹤类——黑颈鹤（野性中国 提供）

　　黄河流域有雪豹、白唇鹿、野牦牛、马鹿、藏野驴、马麝（shè）、普氏原羚等众多国家保护的大型哺乳动物。其中黄河源头及上游因处于保护区内且河网水系密集，生境适宜性较高，生物多样性水平较高。

雪豹（野性中国 提供）

白唇鹿 中国特有种
（野性中国 提供）

野牦牛（野性中国 提供）

马鹿（野性中国 提供）

藏野驴（野性中国 提供）

马麝——麝科动物中体形最大的一种，
雌、雄均无角（野性中国 提供）

藏羚 中国特有种（野性中国 提供）

藏原羚 中国特有种（野性中国 提供）

大鲵（娃娃鱼）（乔轶伦 摄）

黄河共有土著鱼类 147 种。其中，鲤形目鱼类 115 种、鲇（nián）形目鱼类 11 种、鲈形目鱼类 8 种，其他还有鲟形目、鲑形目、鳗鲡（mán lí）目、鲱（fēi）形目、颌针鱼目、刺鱼目、鲉形目等。但目前尚可以采集到的土著鱼类约 78 种，有几乎一半的种类完全或部分从黄河流域主要水体消失。黄河源头及上游主要以各种凉水鱼为主，其中秦岭细鳞鲑为我国特有鱼种。中下游现有的鱼类中以鲤形目鲤科鱼类为优势类群，占总种数的 70.7%，特产种类有多纹颌须鮈（jū）、中间颌须鮈、似铜鮈等。流域内的主要经济野生鱼类有黄河鲇、乌苏拟鲿、赤眼鳟、马口鱼、青鱼、草鱼、银鱼、鲫鱼等 20 余种。

高原鳅（陈振宁 摄）

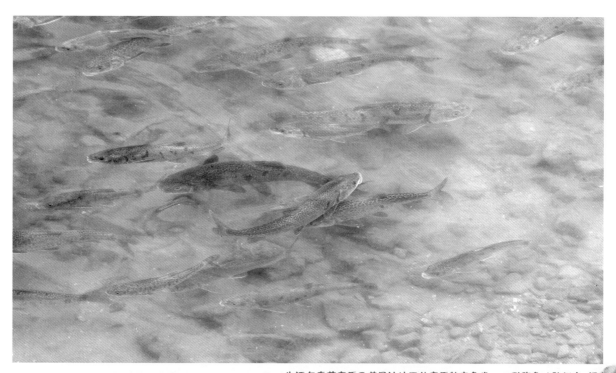

生活在青藏高原及其周边地区的高原特产鱼类——裂腹鱼（陈振宁 摄）

黄河流域幅员辽阔，流域内不同地区气候的差异显著，这也形成了流域上下游迥异的植被群落和代表性植物。例如黄河源区的以云杉为代表的高山针叶林和以马蔺（lìn）为代表的草甸草原植被类型。上游以胡杨和梭梭为代表的荒漠植被类型，以柠条和沙棘为代表的沙漠植被类型为流域内水土保持和防风固沙发挥了重要作用。中下游主要以莎草和碱（jiǎn）蓬为代表的湿地植被类型为主。

青海云杉（任飞 摄）

马蔺（孙宜 摄）

高原荨麻（李波卡 摄）

梭梭（周达康 摄）

柠条（孙宜 摄）

沙棘（刘广宁 摄）

莎（suō）草（付其迪 摄）

碱蓬（周达康 摄）

落潮后的碱蓬景观（张金国 摄）

知识链接

　　胡杨：胡杨又称"胡桐""眼泪树""异叶杨"。为杨柳科落叶乔木。它和一般的杨树不同，有特殊的生存本领，能忍受荒漠中干旱、多变的恶劣气候，对盐碱有极强的忍耐力。在地下水含盐量很高的沙漠中，依然枝繁叶茂。胡杨的根可以扎到20米以下的地层中吸取地下水，体内还能贮存大量的水分，可防干旱。胡杨的细胞有特殊的机能，不受碱水的伤害；细胞液的浓度很高，能不断地从含有盐碱的地下水中吸取水分和养料。折断胡杨的树枝，从断口处流出的树液蒸发后就留下生物碱，所以称为"眼泪树"。它的叶片在幼年时呈柳叶状，年轻时叶子会长成椭圆形，老树的叶子边缘有锯齿状的缝隙，故有"异叶杨"之说。由于其生存环境极其恶劣，却"生而不死一千年，死而不倒一千年，倒而不朽一千年。"人们赞美胡杨为"沙漠的脊梁"。

胡杨（阚跃 摄）

反嘴鹬（陈振宁 摄）

白腰杓鹬（荒野新疆 提供）

苍鹭（张金国 摄）

涉禽是指那些适应在沼泽和水边生活的鸟类，属于鸟类六大生态类群之一，均为湿地水鸟。涉禽最大特征是"三长"：嘴长、颈长、腿长，适合在沼泽、湿地、水边涉水行走，大部分是从水底、污泥中或地面获得食物，是动物外观形态与生态环境、食物相适应的典型代表。

黑鹳（吴秀山 摄）

学习园地

朱鹮（huán），鸟纲，鹮科，朱鹮属，学名：*Nipponia nippon*，是最古老的鸟类之一。其有着东方血统和典雅容颜，被誉为东方宝石，是东亚特有种。中等体型，体羽白色，后枕部有长的柳叶形羽冠，额至面颊部皮肤裸露，呈鲜红色；繁殖期时用喙不断啄取从颈部皮肤腺体中分泌的灰色素，涂抹到头部、颈部、上背和两翅羽毛上，羽毛变成灰黑色。朱鹮曾广泛分布于亚洲东部，由于战争、自然灾害、环境污染和栖息地被不断破坏，至 20 世纪 70 年代，朱鹮在野外几乎灭绝。

从 1978 年起，中国鸟类学家历尽千辛万苦，行程 5 万多公里，跑遍 14 个省的 260 多个朱鹮觅食分布地，最终于 1981 年的 5 月 23 日，在陕西省洋县发现了两对成鸟，5 月 30 日其中一对成鸟繁殖出 3 只幼鸟，这是

非繁殖期的朱鹮（崔多英 摄）

繁殖期的朱鹮（崔多英 摄）

全球发现仅有的 7 只朱鹮。同年 6 月 25 日，3 只幼鸟中体质最弱的 1 只幼鸟常被挤下巢，当即联系送到北京动物园进行人工饲养，经过鉴定是雄性，取名"华华"。1985 年 10 月，"华华"赴日本合作繁殖，未能成功，1989 年 11 月 7 日返回北京动物园。"华华"在北京动物园生活了 30 年，为圈养朱鹮人工饲养研究作出了巨大贡献。

北京动物园于 20 世纪 80 年代先后接受了 6 只朱鹮并开展人工饲养，于 1986 年建成第一个朱鹮异地保护人工种群，1989 年首次繁殖成功，1990 年人工育雏朱鹮成功，1992 年攻克了迁地保护中饲养、存活和繁殖的三大难关，2001 年在圈养条件下朱鹮首次自然育雏成功。2023 年 4 月 9 日，朱鹮"平平"迎来了 37 岁的生日，打破了日本饲养的朱鹮"金"36 岁寿命记录，并创造了朱鹮寿命新的世界纪录。

40 多年来，北京动物园先后人工繁育了 70 多只朱鹮，突破了野生朱鹮的驯化、饲料配比和疾病防治等难题。截至 2023 年 10 月，世界上朱鹮种群数量达到了 11000 多只，北京动物园为朱鹮种群重建提供了重要的技术支撑。

我国朱鹮繁育专家、北京动物园科研人员李福来，主持的"朱鹮人工繁殖新技术"课题，历经 10 余年钻研攻关突破朱鹮人工繁殖难题（北京动物园 提供）

朱鹮"华华"的标本（北京动物园 提供）

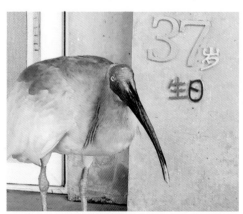

朱鹮"平平"37 岁生日（王颖 摄）

野外飞翔的朱鹮（野性中国 提供）

模块5

生态文明

文明是人类文化发展的成果，是人类改造世界和精神成果的总和，是人类社会进步的标志。社会发展经历了原始文明、农业文明、工业文明三个发展阶段。进入21世纪，生态文明成为人类共同追求的发展目标。党的十八大以来，把生态文明建设作为国家"五位一体"的治国方略。党的十九大报告指出，坚持人与自然和谐共生。必须树立和践行"绿水青山就是金山银山"的理念，坚持节约资源和保护环境的基本国策。党的二十大报告提出，推动绿色发展，促进人与自然和谐共生，坚持山水林田湖草沙一体化保护和系统治理，统筹产业结构调整、污染治理、生态保护、应对气候变化，协同推进降碳、减污、扩绿、增长，推进生态优先、节约集约、绿色低碳发展。

生态文明是指人类积极改善、优化人与自然的关系，建设相互依存、相互促进、共处共融生态社会而取得的物质成果、精神成果和制度成果的总和，是以人与自然、人与人、人与社会和谐共生、良性循环、全面发展、持续繁荣为基本宗旨的文化伦理状态。生态文明作为一种独立的文明形态，主要包括以下几方面的内容：

（1）生态意识文明。人们正确对待生态问题的一种进步的观念形态，包括生态意识、心理、道德以及体现人与自然平等、和谐的价值取向。

（2）生态行为文明。人们在实践中推动生态文明进步发展的活动，包括生态保护、环境营建、绿色生活以及有利于人与自然和谐发展的各类社会活动。

（3）生态制度文明。人们正确对待生态问题建立的一种进步的制度形态，包括制度、法律和规范，反映了国家对生态环境保护的总体水平，也是生态环境保护事业健康发展的根本保障。

（4）生态产业文明。倡导绿色产业，健康生活。对现行的生产方式进行生态化改造是促进生态文明建设的重要手段。

山水林田湖草沙生命共同体

学习园地

"两山理论"

"绿水青山就是金山银山"，是时任浙江省委书记习近平于 2005 年 8 月在浙江湖州安吉考察时提出的。党的十九大把"两山"理念写入《中国共产党章程》，成为生态文明建设的行动指南。"两山"理念不仅仅是"绿水青山就是金山银山"一句话，而是三句话三个阶段构成的完整表述："一是宁要绿水青山，不要金山银山。二是既要绿水青山，也要金山银山。三是绿水青山就是金山银山。""绿水青山"与"金山银山"之间、生态保护与经济增长之间是对立统一的关系。人不负青山，青山定不负人。"必须牢固树立和践行绿水青山就是金山银山的理念，站在人与自然和谐共生的高度谋划发展"。

玉树州杂多县昂赛乡峡谷（野性中国 提供）

生物多样性包括物种多样性、遗传多样性和生态系统多样性，是生态文明建设的重要内容之一。让我们一起来做个游戏来了解一下吧。

生命之网

游戏所需资源：

人员：1名主讲教师。

受众人数：20人。

所需材料：哨（1个）、生物即时贴（20种，包括：河流、树、草、果实、土壤、昆虫、丹顶鹤、田螺、青蛙、鹿、兔子、狐狸、狼、野猪、獾、老鼠、蛇、豹、游隼、蘑菇）、绳子（1条）。

游戏规则、步骤、要点：

1. 每名学生选择一张生物即时贴，自贴在左胸前，作为此种生物代表者。

2. 哨声响起，游戏开始。绳子的起点由任意一名学生拿起绳子的一端，并说出与所代表物种相关的生物名，每人依次选择一种与本人所代表生物对应的实际需求（如食物、栖息环境、繁殖等），将绳子拿到自己手中，以此类推，直到最后一名生物代表者完成绳子的传递。

3. 主讲老师注意把不同物种穿插开，同类物种尽量不邻近。

4. 全部选择完以后会形成一个绳网。

5. 哨声再次响起，停止食物选择。

6. 游戏结束，集体合唱《种太阳》。

游戏过程：

主讲教师站在中间主持：让大家按所选结果拉紧绳子形成一圈站好，主讲教师按压绳网的中心位置，请每个节点的人感受绳子拉力，记住绳网的形态，推选出一种目前身边最脆弱的一种生物，让其松开绳子，后退一步，给生物链造成断点。并由此种生物代表者说出造成脆弱乃至灭亡的因素。与之相关的生物听到描述后，主讲教师再次按压绳网中间位置。依此类推，直至最后所有的点位消失。请每个节点同学感受现在绳网的拉力、形态，对比之前的形态，说出感受，分析原因。

归纳总结：

地球上所有的生命在整个生态系统中都有着不可或缺的生态位，任何一个物种的消失，都会对整个生物多样性系统产生连锁反应。

从大禹治水到"保卫家乡，保卫黄河，保卫华北，保卫全中国"，黄河文化始终彰显着中华民族最本质的文化基因。如果说在国家危难关头，《黄河大合唱》奏响了一曲中华民族团结一致抗日救国的雄伟乐章，激励了中华民族无数仁人志士慷慨就义，使中华民族在危难中觉醒，团结抗日取得了政治、军事、精神上的胜利，建立了新中国。以黄河文化孕育出的民族精神在建设美丽中国的号角中奏响了守护黄河，建设人与自然和谐共生的华美乐章

湿地中休息的苍鹭和大白鹭（张金国 摄）

Yellow River

主题六
黄河的乐章

模块1 珍爱黄河
模块2 守护和谐
模块3 源远流长

模块 1

珍爱黄河

黄河是中华民族的母亲河，在中华 5000 年文明的历史长河中，由于自然灾害频发，严重水患曾经给沿岸百姓带来深重灾难。"黄河宁，天下平。"从某种意义上讲，中华民族治理黄河的历史也是一部治国史。古语云："治黄河者治天下。"

党和国家领导高度重视黄河治理工作，中华人民共和国成立后就成立了黄河水利工作委员会，对黄河流域治理实行统一管理。1952 年 10 月，毛泽东第一次出京视察的地方就是黄河，并发出了"要把黄河的事情办好"的伟大号召。他曾说："人说不到黄河心不死，我是到了黄河也不死心。"他牵挂着它的安澜与否，黄河还没有得到根治，所以到了黄河他仍不死心。按照毛主席的指示，相关部门编制了《黄河流域治理规划》，以根除黄河水害、开发黄河水利为指导思想，以综合利用、梯级开发黄河水利水电资源为工作原则，在国家相对困难的情况下安排了水土保持、引黄灌溉、干流水库等重大工程，其中干流三门峡和刘家峡水利枢纽工程是当时建设的重点。

改革开放初期，国家工作重点转移到以经济建设为中心上来，治理黄河的首要任务是在确保黄河防洪不出现闪失的前提下，充分发挥黄河流域水利枢纽的功能作用，为改革开放保驾护航。黄河水利水电资源得到进一步开发，三门峡等水利枢纽发挥了重大作用。

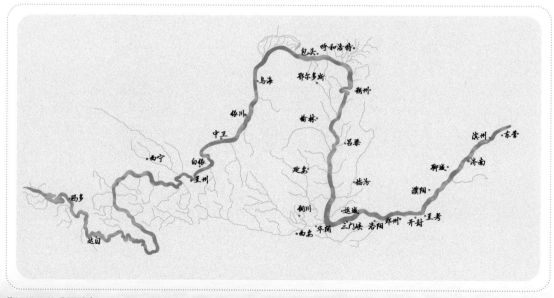

黄河沿线的重要城市

20 世纪 90 年代后期，由于人口不断增长，城市化进程加快等因素，以下游断流为标志，黄河流域生态系统呈现整体恶化趋势，黄河新老问题纵横交织，面临空前生态危机。1998 年，163 位院士联名呼吁应行动起来拯救黄河，引起海内外广泛关注。

2004 年，党中央提出"全面发展、协调发展和可持续发展的科学发展观"，明确了"维持黄河健康生命"的治河理念，开创性地进行了全流域调水调沙、小北干流放淤等探索与实践，进一步丰富拓展了黄河治理和流域管理思路。

1951 年黄河水利委员会（简称"黄委会"）成立大会（黄河博物馆 提供）

党的十八大以来，党中央着眼于生态文明建设全局，将黄河流域生态保护和高质量发展纳入"十四五"规划，让黄河成为造福人民的幸福河。习近平总书记高度重视黄河流域生态保护和高质量发展，多次就三江源、祁连山、秦岭等重点区域生态保护建设提出明确要求，在沿黄省区都留下了考察调研的足迹。特别是他在黄河流域生态保护和高质量发展座谈会上的重要讲话，在黄河治理和黄河流域发展史上具有里程碑性质和划时代意义，为推进黄河流域生态保护和高质量发展指明了方向。治理黄河，重在保护，要在治理。

知识链接

河湖长制

河湖长制即河长制、湖长制的统称。2016 年 12 月 11 日《中共中央办公厅 国务院办公厅印发〈关于全面推行河长制的意见〉的通知》：明确全面推行河长制是落实绿色发展理念、推进生态文明建设的内在要求，是解决我国复杂水问题、维护河湖健康生命的有效举措，是完善水治理体系、保障国家水安全的制度创新。主要任务包括：（1）加强水资源保护，落实最严格水资源管理制度，严守水资源开发利用控制、用水效率控制、水功能区限制纳污三条红线，强化地方各级政府责任，严格考核评估和监督；（2）加强河湖水域岸线管理保护；（3）加强水污染防治；（4）加强水环境治理；（5）加强水生态修复，推进河湖生态修复和保护，禁止侵占自然河湖、湿地等水源涵养空间；（6）加强执法监管，建立河湖日常监管巡查制度，实行河湖动态监管。

模块2

守护和谐

保护黄河是事关中华民族伟大复兴的千秋大计。黄河生态系统是一个有机体。要充分考虑上中下游的差异，山水林田湖草沙生态系统的完整性。生态保护是国家的战略性考虑，中国要发展，就一定要把生态文明建设搞上去。作为三江源的源头，青海最大的价值在生态、最大的责任在生态、最大的潜力也在生态。

上游：以提高水源涵养能力为主

"保护好青海生态环境，是'国之大者'。"青海是维护国家生态安全的战略要地，要承担好维护生态安全、保护三江源、保护"中华水塔"的重大使命。

黄河源区由于位处高原，湿地湖泊、河流、沼泽敏感脆弱，气候变暖，降雨减少、蒸发增加，加上人为干预均会对这一区域生态环境带来巨大的影响。要加强对黄河源区扎陵湖、鄂陵湖的保护，加强三江源国家公园和四川若尔盖国家湿地公园的保护与建设。通过实施新一轮退耕还林（草）、天然林保护、湿地修复、水土保持等重大生态工程项目，促进上游水源涵养区生态保护与修复，确保生态环境持续安全，落实好保护"中华水塔"的重大使命。

若尔盖草原库区湿地（视觉中国）

祁连山夏景（视觉中国）

甘南水源涵养（视觉中国）

雪豹的典型生境（野性中国 提供）

　　雪豹分布于全球 12 个国家，其中 60% 的栖息地和种群位于我国，青海、西藏、新疆、甘肃、四川多地都有雪豹的分布，通常生活在海拔 3000~5500 米的高山草甸、流石滩及裸岩区，有着"雪山之王"的美誉。青海拥有大面积的高质量雪豹栖息地，南部三江源、中部昆仑山和北部祁连山，都是重要的雪豹分布区。

行走在峭壁上的雪豹（野性中国 提供）

特别介绍

雪豹行动敏捷、动作灵活，以粗大的尾巴作为平衡，可在陡峭山坡或岩壁上自由跳跃，追逐猎物。雪豹脚爪宽大且多毛，就像雪地靴一样，既保暖，又方便在雪地中行走。雪豹皮毛的底色为灰白色，体侧布满深色的斑点，在脊背处则是条纹。这一身迷彩本来在雪线附近是极好的保护色。在夏季它们主要在海拔较高的地区觅食活动，冬季则跟随猎物去往海拔较低的地区。雪豹主要捕食岩羊等中大型兽类，也捕食旱獭、高原兔、雉类等小型猎物。由于喉骨硬化，雪豹是唯一不会吼叫的大猫。

雪豹通常独居，有较固定的家域和活动路线，以气味、尿液、粪便等标记领地，并作为个体间相互联络的手段。不同个体活动区域之间有较大重叠。在食物丰富、环境好的栖息地，一只雪豹的领地约为 20~40 平方千米；而在食物稀缺的栖息地，领地则可大到 1000 平方千米。

随着人类活动范围的扩张，使得雪豹的栖息地变得碎片化，放牧、打猎、采矿等人为活动蔓延整

偶遇雪豹（野性中国 提供）

幼年雪豹（野性中国 提供）

潜伏的雪豹（野性中国 提供）

来自雪豹的凝视（野性中国 提供）

个雪豹分布区。我国政府为雪豹保护投入了巨大的努力，不仅颁布了严格的法律法规，建立了大面积的国家公园和自然保护区，还开展了大规模的生态保护工程，更有大量的科研组织和民间组织加入到雪豹保护行列。

奔跑中的雪豹（野性中国 提供）

不止一只雪豹（野性中国 提供）

北京动物园雪豹保护接力进行时

北京动物园一直参与雪豹保护工作。我国著名动物学家、科普作家，北京动物园科研工作者谭邦杰先生，对野生动物的考察、饲养和保护、动物园事业、自然保护工作、科普宣传工作倾注了毕生精力。他长期担任世界自然保护联盟（IUCN）猫科、灵长类、饲养繁殖专家组成员等职务。20世纪80年代，谭邦杰先生担任国际雪豹保护委员会委员。1992年，他作为召集人于青海西宁组织召开了雪豹国际研讨会，共同商讨国际雪豹合作事项。多年来他发表了科学文章一百多篇，出版专著十四五部，在《珍稀野生动物丛谈》和《中国的珍禽异兽》等书中均谈到了保护雪豹、白唇鹿等高原大型哺乳动物的重要性。

"凌雪"是一只10岁半的雌性雪豹，2017年11月24日因车祸在青海省玉树藏族自治州杂多县被牧民救助。"凌雪"在当地虽进行了紧急救治，但术后恢复不好，于2018年2月6日，又被送到北京接受二次手术。2月8日"凌雪"被送到北京动物园接受全方位护理。北京动物园成立6人护理小组，制定了详细的术后护理方案，24小时监护，经过为期三个月的特殊护理治疗，"凌雪"恢复情况良好，于5月乘机返回青海。

谭邦杰先生工作照（北京动物园 提供）

雪豹"凌雪"（叶明霞 摄）

2021 年 3 月，全国首个"雪豹救助放归与科研监测结合"案例在祁连山国家公园青海片区顺利实施，北京动物园兽医参加了此次救助活动。3 月 11 日，雪豹"凌蛰"在门源县西滩乡小学附近的农户家中被发现，头部有擦伤出血，行动迟缓，救护人员马上带回救助中心进行进一步检查，专家们检查判定"凌蛰"为低血钙症，经过几天的救助和悉心照料，"凌蛰"身体各项指标均正常，于 3 月 16 日顺利进行放归。

被救助放归的雪豹"灵蛰"（李祎斌 摄）

2021 年 3 月，被救助放归后雪豹"凌蛰"（李祎斌 摄）

中游：突出抓好水土保持和污染治理

黄河中游毗邻腾格里、乌兰布和毛乌素、库布齐等沙漠，习近平总书记在宁夏视察时指出：要顺应自然、尊重自然，既防沙之害，又用沙之利。开展沙漠生态研究，在防沙治沙的同时发挥沙漠的生态功能、经济功能。早在 1955 年，宁夏中卫就发明了享誉世界的麦草方格治沙法。要大力推进沙产业，发展樟子松等板材原材料，柠条、梭梭、小胡杨、花棒等沙区灌木原料林，以甘草、麻黄、肉苁（cōng）蓉、锁阳为主的沙区中草药产业，杏仁、沙棘、枸杞等沙区林果业，以及渔业、沙漠光伏产业、沙区生态旅游产业等。

黄河的泥沙主要来自中游，通过采取造林、种草等水土保持工程，顺坡耕作改为横坡耕作等农业耕作措施，建设旱作梯田、淤地坝等工程措施，综合治理黄河流域水土流失，减少泥沙对黄河下游带来的危害。经过多年的持续治理，黄土高原的主色调已经由"黄色"变为"绿色"，有效改善了河床抬高的局面，为黄河岁岁安澜发挥了重要作用。

麦草方格治沙法（李桂民 摄）

知识链接

河套平原

河套平原位于我国内蒙古自治区和宁夏回族自治区境内，又称河套地区。通常是指内蒙古高原中部黄河沿岸的平原，西至贺兰山，东至呼和浩特以东，北至狼山、大青山，南界鄂尔多斯高原。由贺兰山以东的银川平原（西套平原）、内蒙古狼山以南的后套平原和大青山以南的土默川平原（亦称前套平原）三部分组成，共计 2.5 万平方公里。黄河在到达河套地区前，先向东北流，后转向东流，再折向南流，形成马蹄形的大弯曲，称为河套。作为黄河沿岸的冲积平原，这里地势极为平坦，且土质较好，又有黄河灌溉之利，十分适宜种植春小麦、水稻、糜（mí）、谷、大豆、高粱、玉米等农作物，是宁夏与内蒙古重要的农业区和商品粮基地，有"塞上谷仓""塞上江南"的美称。

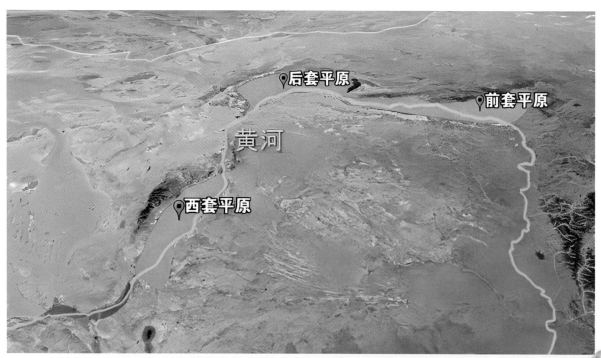

河套平原

学习园地

20世纪80年代圈养的大鸨（北京动物园 提供）

大鸨是国家一级保护动物，国际自然保护联盟确定其为世界易危物种。野生环境大鸨食物来源主要是植物嫩叶、嫩芽、嫩草、种子以及昆虫、蚱蜢、蛙等。它们一般栖息于开阔平原、草地和半荒地区，也会出现于河流、湖泊沿岸和邻近的干湿草地，不善飞行，善于行走。大鸨嘴短头长，铅灰色的嘴巴顶端为黑色，其虹膜为褐色，身型庞大，羽毛呈斑纹状，翅膀大又圆且有大块白斑，灰褐色的腿和足与鹤相似但比鹤更壮，便于支撑硕大的身体并可助跑用。

鸨的最早文献见于《诗·唐风·鸨羽》："肃肃鸨行，集于苞桑"，是形容鸨飞行和栖息的特性。早期，认为大鸨都是雌性群体，没有雄性，是一种特殊的繁殖方式。后来，人们才发现大鸨其实是有雌雄之分的，主要区别是雌性的大鸨嘴边是绒毛，而雄性的大鸨嘴边则是胡须。繁殖期雄鸟前颈及上胸呈蓝灰色，头顶中央从嘴基到枕部有一黑褐色纵纹，额、喉及嘴角有细长的白色纤羽，在喉侧向外突出如须，长达 10 ～ 12 厘米，非常漂亮。

与我们常见的"轻盈"鸟类不同，大鸨更像浅棕色的"鸵鸟"。大鸨是世界上最大的飞行鸟类之一，雄鸟体长可达 1 米，

雄性大鸨（吴秀山 摄）

体重 10 千克，雌鸟比雄鸟相对要小得多，平均体重 3.5 千克，因此大鸨还是世界上雄鸟和雌鸟体重相差最大的鸟类。由于体重大，起飞很费劲，所以大鸨对接近的威胁特别敏感，如果人出现在 500 米距离范围内，大鸨就会提高警惕，靠近到 200 米距离内就会惊飞。

大鸨在中国的分布区主要有内蒙古、吉林西部、黑龙江西南部以及新疆局部地区，在河北北部与内蒙古接壤的区域也曾发现过大鸨繁殖。近几年，北京周边也有大鸨出现。据历史记录，大鸨在江淮、黄淮等地都有越冬群体。但近 10 年来的研究数据显示，大鸨的越冬地已经萎缩到了黄河流域的局部地区。随着农耕的进步、城市的发展，大鸨的越冬地还在进一步缩小、破碎。

内蒙古图牧吉国家级自然保护区草原面积广阔，草质优良，湿地湖泊众多，是我国第一个以保护大鸨繁殖地为主的自然保护区，被命名为"中国大鸨之乡"，能为大鸨提供觅食、栖息、繁殖的良好环境。每年大鸨来到图牧吉越冬，几乎是白雪覆盖的草原上唯一可以见到的生灵，给漫长的冬季带来了生机与活力。长垣黄河滩区也是大鸨的重要聚集地，全国范围内约有 1600 只大鸨，而长垣黄河滩区曾监测到 450 只大鸨，占到了全国数量的四分之一，悠闲的大鸨常常在农田里成群活动，时而飞起，时而聚集。

阅读完以上资料，请根据描述选择出大鸨相关特点的正确选项。

1. 大鸨的体型如何？ A. 较小 B. 中等 C. 较大 D. 极大
2. 大鸨的羽毛颜色是什么？ A. 白色 B. 黑色 C. 红色 D. 棕色
3. 大鸨的食物来源主要是？ A. 水果 B. 昆虫 C. 肉类 D. 植物
4. 大鸨的繁殖地通常是？ A. 森林 B. 草原 C. 山区 D. 海滩
5. 大鸨的繁殖方式是？ A. 单配对 B. 群居 C. 单性生殖 D. 无性生殖

题目答案：

1. C 2. D 3. C 4. B 5. A

田野间的大鸨（吴秀山 摄）

下游：保护河流生态系统，提高生物多样性

习近平总书记在《生物多样性公约》第十五次缔约方大会强调：我们要凝聚生物多样性保护全球共识，共同推动制定"2020年后全球生物多样性框架"，为全球生物多样性保护设定目标、明确路径。黄河下游人口密度大，开发强度高，更加需要重视对河流湿地生态系统的保护，提高生物多样性水平。加大生态保护修复力度，推进黄河滩

区治理，重点修复黄河三角洲湿地生态系统，加快实施黄河三角洲国际重要湿地保护与恢复工程。落实河口生态流量（水量）保障目标，有序开展退耕还湿、退养还滩、河岸带生态保护与修复、有害生物防控，推进河口湿地自然修复与科学管理，采取水量调度与生态流量管理、生态水量保障与生态补水、人工干扰影响河湖阻隔的生态连通等措施，促进河口敏感、重要生态系统的结构与功能修复，为生物多样性保护提供理想的生境。

黄河三角洲湿地（张金国　摄）

模块 3

源远流长

中国式现代化是人与自然和谐共生的现代化。我们要以自然之道，养万物之生，从保护自然中寻找发展机遇，实现生态环境保护和经济高质量发展双赢。中国将持续加强生态文明建设，站在人与自然和谐共生的高度谋划发展，实施生态保护红线制度，建立以国家公园为主体的自然保护地体系，实施生物多样性保护重大工程，实施最严格执法监管，走出一条中国特色的生物多样性保护之路。万物并育而不相害，道并行而不相悖。

黄河源园区多湖景观（李庆崇 摄）

长江源园区：玉树州曲麻莱县通天河河谷（彭建生 摄）

青海三江源国家公园成立

　　青海三江源国家公园位于中国的西部，青藏高原的腹地、青海省南部，平均海拔3500~4800米，为长江、黄河和澜沧江的源头汇水区，被誉为"中华水塔"。三江源国家公园包括长江源园区、黄河源园区、澜沧江源园区3个园区。长江源园区多高山冰川；黄河源园区以"千湖"奇观著称；澜沧江源园区不仅有壮美的峡谷风光，还是高原生灵的天堂。其中，黄河源园区地处三江源腹地，是中华民族母亲河黄河的源头区。在这里，高耸冷峻的冰雪山仡立在高原原始地貌之上，高原特有的野生动物在高寒草甸草原上繁衍生息，呈现出完整的世界第三极自然景观。园区总面积19.07万平方公里，占三江源面积的31.16%，其中：冰川雪山833.4平方公里、河湖和湿地29842.8平方公里、草地86832.2平方公里、林地495.2平方公里。

　　在平均海拔 4500 米以上的三江源地区，仍保持着世界上面积较大、较原始的高寒生态系统。主要有高寒草甸、高寒草原、高寒湿地、森林灌丛和高寒荒漠等。高寒草甸、高寒草原是国家公园内最重要的生态系统，面积大，分布广，物种组成和层次较简单，在维护三江源水源涵养和生物多样性等主导服务功能中具有基础性地位。这一系统维系着全国乃至亚洲的生态安全命脉，也是全球气候变化反应最为敏感的区域之一。正所谓"中国的青海，世界的三江源"，作为我国重要的生态安全屏障和高原生物种质资源库，其保护价值对中国乃至世界都意义重大。

澜沧江峡谷（野性中国 提供）

三江源国家公园是我国第一个列入国家公园体制试点的国家公园，包括三江源国家级自然保护区的扎陵湖—鄂陵湖、星星海、索加—曲麻河、果宗木查和昂赛 5 个保护分区和可可西里国家级自然保护区，其中核心区 4.17 万平方公里，缓冲区 4.53 万平方公里，实验区 2.96 万平方公里。在其 19.07 万平方公里的区域总面积中，涉及治多、曲麻莱、玛多、杂多四县和可可

西里自然保护区管辖区域，共 12 个乡镇、53 个行政村。园区记录有野生维管束植物 2200 余种，种子植物 50 科 832 种；野生陆生脊椎动物 75 科 310 种，其中兽类 62 种、鸟类 196 种、两栖类 7 种、爬行类 5 种、鱼类 40 种。

可可西里国家级自然保护区玉虚峰（野性中国 提供）

三江源高寒草甸景观（徐建 摄）

三江源高寒草原景观（陈历 摄）

圆穗蓼（拉琼 摄）

垫状点地梅（拉琼 摄）

独一味（拉琼 摄）

绿绒蒿（李炜民 摄）

金黄指突水虻（邵海南 摄）

黑黄小班蝥（邵海南 摄）

Bombus tibeticus（暂无中文名）（闫京艳 摄）

活动园地

1. 请按下图说出三江源国家公园长江源园区、黄河源园区和澜沧江源园区的主要生态类型。

森林　湖泊　冰川　河谷　三江源高寒生态系统　湿地　山地　草甸　荒漠　草地

2. 山地生态系统中因植被的垂直变化会为不同类型物种提供食物和栖息环境，请查找资料对应标注出三种生活在三江源地区真阔混交林区域（海拔约在2800-3500米）的物种名称。

米
5500
4500
3500
——2800（三江源地区最低海拔）
2500
1500

胡兀鹫

雪豹

猞猁

兔狲

岩羊

原鼠兔

喜马拉雅旱獭

三江源国家公园典型生物食物链

图片提供：
野性中国：高山兀鹫、胡兀鹫、高原鼠兔、喜马拉雅旱獭、岩羊、猞猁、雪豹、赤狐
荒野新疆：玉带海雕
成冴：欧亚水獭
山水自然保护中心：荒漠猫
韦晔：兔狲
韩雪松：棕头鸥、水生鱼类
严志文：白眉山雀
牛洋：植物群落
陈振宁：昆虫（昂欠原金蟥）

植物群落

高山兀鹫

欧亚水獭

玉带海雕

荒漠猫

赤狐

棕头鸥

白眉山雀

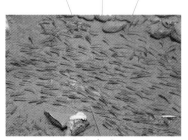
水生鱼类

昆虫（昂欠原金蝗）

胡兀鹫

雪豹

猞猁

兔狲

岩羊

高原鼠兔

喜马拉雅旱獭

植物群落

蓝实线表示直接捕食关系，红虚线表示食腐（分解者）

科学指导：孙戈

3. 在生态系统中，生物与生物之间通过食物建立起的关系叫食物链。根据食物链中不同生物在能量流动和物质循环中所起的作用，可以分为生产者、消费者和分解者三类。请查阅资料，用实线表示直接捕食关系，用虚线表示食腐，画出三江源国家公园典型生物的食物链。

高山兀鹫

玉带海雕

欧亚水獭

荒漠猫

赤狐

棕头鸥

白眉山雀

高

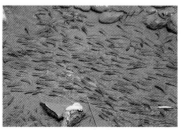

水生鱼类

昆虫（昂欠原金蝗）

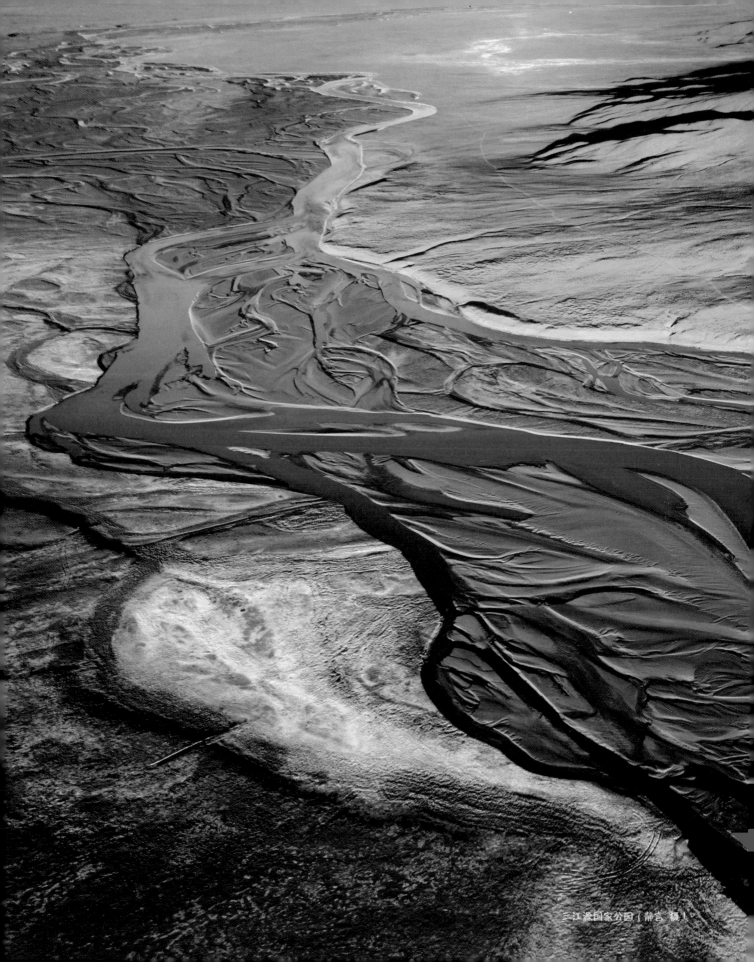

三江源国家公园（前言 橙）

小流域治理水土保持成效显著

陇西县位于甘肃省东南部，定西市中部，总面积 2407 平方公里，陇西因地处陇山之西而得名，是华夏古老文明的发祥地之一，以古老的仰韶文化、齐家文化、渭河文化和悠久的历史彪炳华夏文明史册。随着国家推进黄河流域坡耕地水土流失综合治理，陇西县宏伟乡过去个体散乱的山坡农田发生了巨大的变化，一台台机械穿梭在陡峭的山地里，建成的梯田层层叠叠，高低错落，形成一幅美丽壮观的山村锦绣图。近年来，全县在梯田建设中，实施"山、水、林、田、路、草、畜"综合治理，坚持社会效益、经济效益、生态效益并重，坚持综合治理与配套开发相结合的发展之路，拓宽了农民增收的渠道。该流域自然面貌发生了巨大变化，土地利用结构趋于合理，生态环境以及农业生产条件得到明显改善，经济效益和群众生活水平显著提高，水土流失得到有效控制。

甘肃陇西县梯田建设（视觉中国）

黄河三角洲湿地（张金国 摄）

黄河三角洲湿地生物多样性保护治理成效显著

黄河三角洲湿地以常年积水湿地（河流、湖泊、河口水域、坑塘、水库、盐池和虾蟹池以及滩涂）为主，占湿地总面积的63%，且滩涂湿地在其中占优势地位；季节性积水湿地（潮上带重盐碱化湿地、芦苇沼泽、其他沼泽、疏林沼泽、灌丛沼泽、湿草甸和水稻田）占湿地总面积的37%。这里是中国沿海最大的新生湿地自然植被区，拥有成片上万亩的红地毯以及华北平原地区面积最大的人工刺槐林，是我国及世界上研究河口新生湿地生态系统形成、演化及发展规律的最佳场所。

黄河三角洲国家级自然保护区（以下简称"保护区"），是以保护黄河口新生湿地生态系统和珍稀濒危鸟类为主体的湿地型自然保护区，区内野生动植物种类丰富。保护区于1992年10月获准建立。保护区诞生之时便遇到黄河断流、湿地生态系统不断恶化的情况。经过持续多年的生态补水，保护区退化的湿地得到修复，淡水湿地面积稳步增长；动植物栖息环境持续改善，生物多样性明显提高；河口近海生态环境质量趋于好转，生态系统功能显著增强。

如今，保护区的功能是集救护、繁育、科普为一体的大型开放式鸟类栖息地。在这里不仅可以近距离观赏到多种珍稀鸟类，还可以了解鸟类的习性，学习鸟类知识，提高爱鸟护鸟意识，是青少年进行科普教育的好场所。保护区横跨全球 9 条鸟类迁徙路线的东亚—澳大利西亚和环西太平洋两条线路，每年这里南来北往的鸟类数百万只，被国内外鸟类专家称为"鸟类天堂"和"鸟类国际机场"，是鸟类迁徙的重要中转站、越冬地和繁殖地，被誉为"中国东方白鹳之乡"和"中国黑嘴鸥之乡"。黄河三角洲湿地近年来生态情况好转，植物从 393 种增至 685 种，其中野生种子植物 193 种。鸟类由 187 种增至 373 种，国家一级保护鸟类由 1992 年的 5 种增加到现在 26 种，国家二级保护鸟类由 27 种增加到 65 种。2013 年，黄河三角洲湿地被国际湿地公约组织列入国际重要湿地名录。

湿地——生物多样性宝库（拉琼 摄）

斑嘴鸭（张金国 摄）

斑头雁（张金国 摄）

飞行中的反嘴鹬（张金国 摄）

知识链接

黄河故道黄海湿地

在 1128–1855 年间，黄河改道向南，夺了淮河的部分河道，从江苏盐城入海。黄河每年携带着约十几亿吨的泥沙，在入海口沉积形成广阔的三角洲——最终入海口处的陆地向海里突进了 90 公里之多。加之海水中细腻的粉砂和黏土在涨潮时也会被带至平缓的潮间带，它们便会沉积下来，最终形成了今天的粉砂淤泥质海滩湿地——盐城黄海湿地。黄海湿地，是太平洋西岸和亚洲大陆边缘面积最大的海岸型湿地，也是黄海生态区内面积最大的连续分布泥质潮间带湿地。这里包含江苏盐城湿地珍禽国家级自然保护区、江苏大丰麋鹿国家级自然保护区、盐城条子泥市级湿地公园和湿地保护小区等，并于 2019 年成为全国首个滨海湿地类世界自然遗产——中国黄（渤）海候鸟栖息地（第一期）世界自然遗产的核心区之一，填补了我国滨海湿地类遗产的空白。该区域为 23 种具有国际重要性的鸟类提供了栖息地，支撑了 17 种世界自然保护联盟濒危物种红色名录物种的生存，包括 1 种极危物种、5 种濒危物种和 5 种易危物种，是中国著名的"麋鹿故乡"。这里拥有世界上规模最大的潮间带滩涂，是东亚 – 澳大利西亚迁徙路线和中亚候鸟迁徙路线上的关键枢纽，是全球数以百万迁徙候鸟的停歇地、换羽地和越冬地。世界上最大的野生丹顶鹤越冬地和麋鹿种群造就了"鹤舞鹿鸣"的独特景观，产生了巨大的国际影响力。

鹤舞鹿鸣（崔多英 摄）

盐城国家级珍禽保护区丹顶鹤（张金国 摄）

盐城国家级珍禽保护区豆雁（张金国 摄）

盐城丹顶鹤博物馆（李炜民 摄）

灰鹤（张金国 摄）

田野间的丹顶鹤群（崔多英 摄）

丹顶鹤（*Grus japonensis*），俗称仙鹤，因头顶皮肤裸露呈红色而得名，是国家一级重点保护野生动物、世界自然保护联盟濒危物种（EN），野外种群数量仅存 2600 只左右。丹顶鹤头顶上的红色不是羽毛的颜色，而是头皮下大量的毛细血管显现出的颜色。丹顶鹤雏鸟和未成年丹顶鹤头顶是没有这块红色区域的，要两岁以后才能逐步显现出来，并且成年雄性丹顶鹤头顶的红色比雌性丹顶鹤的颜色更加鲜艳。尤其到了繁殖期，这块红色区域还是雄性丹顶鹤求偶的重要指标，头顶颜色越红的雄鹤就越讨雌鹤欢心。

在我国东北和长江中下游地区是丹顶鹤的主要繁殖地和越冬地。黑龙江扎龙国家级自然保护区是世界上最大的丹顶鹤繁殖地，超过四分之一的丹顶鹤夏季在这里栖息繁衍。江苏盐城国家级珍禽自然保护区，是世界上最大的丹顶鹤越冬地，丹顶鹤在这里度过漫长的冬天。每年春季 2 月末 3 月初，丹顶鹤离开越冬地迁往繁殖地；秋季 9 月末 10 月初开始离开繁殖地往南迁徙，抵达达江苏盐城越冬。在越冬地或繁殖地，丹顶鹤通常成对或

丹顶鹤对鸣（崔多英 摄）

丹顶鹤对舞（崔多英 摄）　　　　　　　　　　　丹顶鹤引吭高歌（崔多英 摄）

成家族群和小群活动，在迁徙季节由数个或数十个家族群结成较大的群体迁徙。

开展濒危物种重引入是恢复、壮大野生丹顶鹤种群的有效措施。2013年，由北京动物园组织牵头，联合石家庄市动物园、沈阳森林野生动物园、合肥野生动物园、江苏盐城湿地珍禽国家级自然保护区、吉林向海国家级自然保护区和黑龙江林甸自然保护区等单位，共同开展的"

夕阳中飞过的丹顶鹤（张金国 摄）

人工繁育丹顶鹤野化放归与追踪"项目，该项目是国内首次系统开展丹顶鹤重引入项目。至今，共放飞 16 只人工繁育的丹顶鹤，利用 GPS 跟踪发现，1 年内野外仍存活 9 只。从 2015 年至今，共有 3 只在林甸、盐城野外配对成功，并且成功筑巢、产卵，共孵化出 9 只幼鹤，经野外考察表明，其后代已经参与野外鹤群迁徙。

丹顶鹤野化训练阶段，科研人员接触动物时，需要穿着丹顶鹤伪装服，以减少丹顶鹤雏鸟对人类的印迹行为和对人的依赖，将来可以顺利重返野外。背部的 GPS 卫星定位追踪器可以让研究人员掌握它的具体方位和生存状况。

野化放飞丹顶鹤野外成功繁育后代（红色箭头指示为新出生幼鹤）

佩戴 GPS 卫星定位追踪器的丹顶鹤（杜洋 摄）

一个真实的故事

"走过那条小河，你可曾听说，有一位女孩她曾经来过，走过这片芦苇坡，你可曾听说，有一位女孩她留下一首歌，为何片片白云悄悄落泪，为何阵阵风儿轻声诉说，唔喔哦，还有一群丹顶鹤，轻轻地轻轻地飞过……" 这首《一个真实的故事》，是根据丹顶鹤女孩徐秀娟的事迹改编的歌曲，曾被广为传唱。

黑龙江扎龙国家级自然保护区是世界上最大的丹顶鹤繁殖地，超过四分之一的丹顶鹤夏季在这里栖息繁衍。徐秀娟就出生于扎龙湿地的渔民之家，她的父亲常常救护受伤的丹顶鹤，自创 "火炕孵鹤" 技术，耳濡目染之下 17 岁的她成为扎龙第一位 "养鹤姑娘"，很快掌握了丹顶鹤、白枕鹤等珍贵鹤类的孵化、育雏、养鹤、训鹤技术，并自费到东北林业大学野生动物系进修。

1983 年，江苏省在丹顶鹤等鸟类主要越冬地盐城建立了珍禽湿地保护区。1986 年 5 月，徐秀娟刚刚学业有成，盐城保护区向她发出邀请。怀着事业的理想，徐秀娟带着三枚丹顶鹤卵来到盐城，并全部孵化、育雏成活，成为攻克 "丹顶鹤低纬度越冬地孵化成功" 这一世界难题的第一人。

丹顶鹤女孩徐秀娟

徐秀娟纪念碑

　　1987年，保护区先后发生多起珍禽感染病菌死亡案例。为了照顾患病珍禽，徐秀娟不分白天和黑夜为丹顶鹤喂食喂药，一度累得病倒。9月15日，为了寻找两只丢失的白天鹅，徐秀娟连续寻找了一天多，最后因体力不支在复堆河中溺水身亡，牺牲时年仅23岁。1989年，江苏省人民政府追认她为烈士，她是我国环境保护战线第一位因公殉职的烈士。为了纪念这位年轻的护鹤天使，江苏盐城自然保护区和齐齐哈尔扎龙自然保护区分别修建了纪念馆、纪念碑。

　　"还有一只丹顶鹤，轻轻地轻轻地飞过……"

清晨觅食的丹顶鹤（张金国　摄）

活动园地

鹤是一个大家族，共有15种，除了南极洲和南美洲，其他各大洲都有分布。我国是鹤类最多的国家，共有9种鹤分布。

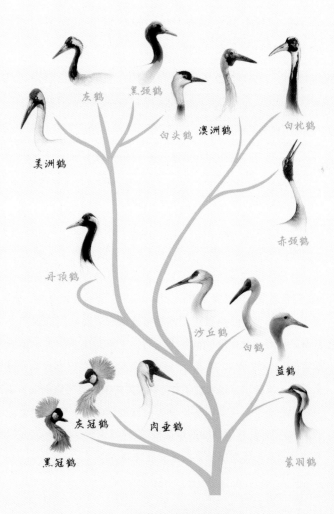

鹤类的进化历程和亲缘关系（左妍 绘）
（绿色为在我国分布的鹤）

新时代的乐章

生态兴则文明兴，生态衰则文明衰。黄河流域的生态保护和高质量发展关乎国家生态安全、粮食安全和经济安全，关乎实现中华民族的伟大复兴和永续发展。黄河流域生态保护和高质量发展座谈会强调，治理黄河，重在保护，要在治理，要共同抓好大保护，协同推进大治理。这为推动黄河流域高质量发展厘清了思路，指明了方向，明确了重点。黄河流域高质量发展就是要把生态作为发展根基，以绿色发展引领黄河流域高质量发展。"生态治理，道阻且长，行则将至。我们既要有只争朝夕的精神，更要有持之以恒的坚守"。以绵绵之力久久为功，脚踏实地地推进美丽中国建设，一处处"诗意栖居"的绿水青山必将变成一座座金山银山。

知识链接

2021 年 10 月 8 日，中共中央、国务院印发了《黄河流域生态保护和高质量发展规划纲要》，提出黄河的长久发展要坚持生态优先、绿色发展，坚持量水而行、节水优先，坚持因地制宜、分类施策，坚持统筹谋划、协同推进，将黄河流域治理成为国家生态安全的重要屏障，高质量发展的重要实验区，中华文化保护传承弘扬的重要承载区。2022 年 10 月 30 日第十三届全国人民代表大会常务委员会第三十七次会议审议通过了《中华人民共和国黄河保护法》(简称《黄河保护法》)。《黄河保护法》突出加强生态保护与修复、水资源节约集约利用、污染防治等制度规定，严格设定违法行为的法律责任，从法律源头为黄河流域高质量发展保驾护航。

学习园地

"黄河母亲"雕塑

　　雕塑位于甘肃省兰州市黄河南岸的滨河路中段、小西湖公园北侧，是全国诸多表现黄河的雕塑艺术品中最美的一尊，具有很高的艺术价值，在全国首届城市雕塑方案评比中曾获优秀奖。雕塑由甘肃著名的雕塑家何鄂女士创作，长 6 米，宽 2.2 米，高 2.6 米，总重 40 余吨，由"母亲"和"婴儿"组成构图，分别象征了哺育中华民族生生不息、不屈不挠的黄河母亲和快乐幸福、茁壮成长的华夏子孙。

"黄河母亲"雕塑

致 谢

黄河博物馆

山水自然保护中心

野性中国

国际鹤类基金会

云享自然

（以下排名不分先后）

殷鹤仙　朱卫东　李富忠　赵　博　赵　翔　　王玮洁　孙　戈　奚志农

史立红　刘子鋆　次　丁　达　杰　更求曲朋　侯　博　崔芳洁　王　蕾

李友崇　静　言　闫京艳　邵海南　伍建民　　宋利培　任　飞　王　稳

陈振宁　李　健　戎志强　高　原　左　妍　　王　恒　左凌仁　姜　楠

关翔宇　李波卡　彭建生　董　磊　徐　健　　陈　尽　韩雪松　严志文

成　尕　牛　洋　韦　晔　李祎斌　李　欣　　阚　跃　张金国　崔多英

吴秀山　杜　洋　叶明霞　乔轶伦　王　宇　　郭　雪　王　颖　普天春

张海波　王　鹏　张　耳　刘东焕　孙　宜　　曹　颖　周达康　付其迪

李雯琪　刘志劲　肖丽媛　王春生　邵宝燕　　戴　剑　白　莉

荒野新疆　年宝玉则生态环境保护协会

参考文献

[1] 高英杰，王旅东.生态文明（全彩版）[M].北京：化学工业出版社，2020.

[2] 郭守江.天赋河套之河套全席 52 风味 [M].呼和浩特：内蒙古大学出版社，2020.

[3] 潘林平.学生生态文明知识读本（高中适用）[M].杭州：浙江教育出版社，2015.

[4] 卢宝荣等.贵州省生态文明教育读本（小学中年级版）[M].贵阳：贵州科技出版社，2020.

[5] 王松良，陈灿.生态文明教育（九年级 上册）[M].福州：福建人民出版社，2016

[6] 王松良，王婕妮.生态文明教育（五年级 下册）[M].福州：福建人民出版社，2017

[7] 王文杰，蒋卫国，房治等.黄河流域生态环境十年变化评估[M].北京：科学出版社，2017.1

[8] 一瓢.地图上的地理故事（黄河）[M].济南：山东省地图出版社，2020.

[9] 雍怡.我的野生动物朋友：旗舰物种环境教育课程[M].北京：少年儿童出版社，2019.

[10] 张纯成.生态环境与黄河文明[M].北京：人民出版社，2010.

[11] 张运君，杜裕禄.大学生生态文明教育读本[M].武汉：湖北科学技术出版社，2014.

[12] 重庆市中小学环境教育——生态文明教材编写组.中小学环境教育：生态文明教材（六年级 下册）[M].北京：
中国环境出版集团，2018.

[13] 朱迪，布劳斯.原野之窗：生物多样性教育课程（教师用书）[M].北京：中国林业出版社，2020.

[14] 王湘国，吕植.三江源国家公园自然图鉴[M].南京：逸林出版社，2021.

后 记

　　交由我来组织编写《黄河生态文明科普读物》是一件非常困难的事情，之所以承担下来主要还是为钟扬先生的"种子精神"所感动。钟扬先生作为一名学者、复旦大学教授，在完成教学与科研工作的基础上以浓浓的家国情怀关注着地球生态的安全，关注着国家民族文化与精神的传承，关注着青少年特别是边疆地区孩子的科普与爱国主义教育。以一己之力无私奉献，不但成就了西藏大学生态学科博士点建设，培养了以拉琼教授为学科带头人的边疆少数民族人才团队，更是常年带领学生跋山涉水克服高原缺氧和极端气候等因素，为国家搜集建立了具有上千种植物4000万粒种子的基因库。人类只有一个地球，"一个基因可以拯救一个国家，一粒种子可以造福万千苍生。"这震耳欲聋的呐喊只为唤醒作为一个国家、一个民族对生存养育我们的这片土壤的珍惜与呵护。

　　钟扬先生去世以后，上海成立了乐扬公益组织，旨在发扬与传承"种子精神"，对中小学生进行科普教育。几年来，先后对不同的少数民族地区与偏远山区的孩子开展公益活动，深受孩子们的欢迎，并得到社会各界的广泛支持与认同。在钟扬先生的夫人张晓艳教授的引荐下，我也荣幸地成为乐扬公益的一名志愿者，参加了2023年西藏亚东、拉萨中小学生的公益科普活动，看到孩子们渴望求知的眼神与热情高涨的精神状态，切身体会钟扬先生的教育理念对孩子们科普教育的重要意义。按照钟扬先生生前的构想，黄河作为中华民族的母亲河应该更加广泛让广大青少年去认知并参与到保护黄河的具体行动中去，从小去培养生态文明意识，树立人与自然和谐共生的理念，让黄河流域特别是高原地区的孩子更加热爱身边的母亲河，更加热爱我们伟大的祖国。

　　经过编写团队的不懈努力，在各方的支持下，这本书终于要面世了。在这里首先要感谢主编单位北京市园林科学研究院、北京动物园管理处戴子云博士、龚静老师为代表的各位编写人员辛勤的付出；感谢黄河博物馆提供的相关历史图片资料；感谢老东家北京市公园管理中心的鼎力支持；感谢搭档张成林先生；感谢乐杨公益组织复旦大学卢宝荣教授对本书编写的倾情指导与作序；感谢拉萨大学、中国园林博物馆对本书编写的参与；感谢为本书提供图片的公益组织与各位老师、朋友、同学；感谢张晓艳教授与乐杨公益组织的各位同人；感谢中国建筑工业出版社责编、美编；最后感谢北京市科学技术协会科普创作出版资金对本书出版的资助。

　　保护黄河是事关中华民族伟大复兴和永续发展的千秋大计。黄河宁，天下平。黄河是中华民族的母亲河，黄河流域孕育出的中华民族精神，留下无数动人的历史文化故事。认知黄河、守护黄河、让黄河成为人与自然和谐共生的幸福河不仅是我们的责任，更是践行生态文明理念实现美丽中国梦的具体体现。青少年是祖国的未来和希望，我们仅以此书倡议广大中小学生走进自然，走近黄河，播撒希望的种子，守护绿水青山。"保护黄河，从我做起"。

李承民

原北京市公园管理中心总工程师

海口经济学院雅和人居工程学院讲席教授

审图号：GS 京（2024）0133 号

图书在版编目（CIP）数据

黄河生态文明科普读物/李炜民，张成林主编 .—
北京：中国建筑工业出版社，2023.12
ISBN 978-7-112-29564-7

Ⅰ.①黄… Ⅱ.①李…②张… Ⅲ.①黄河流域—生
态环境—环境教育—青少年读物 Ⅳ.①X321.22-49

中国国家版本馆CIP数据核字（2023）第253072号

责任编辑：杜　洁　李玲洁
责任校对：赵　力

黄河生态文明科普读物
李炜民　张成林　主编
＊
中国建筑工业出版社出版、发行（北京海淀三里河路 9 号）
各地新华书店、建筑书店经销
北京海视强森文化传媒有限公司制版
北京富诚彩色印刷有限公司印刷
＊
开本：889 毫米 ×1194 毫米　1/16　印张：11½　插页：1　字数：221 千字
2023 年 12 月第一版　2023 年 12 月第一次印刷
定价：88.00 元
ISBN 978-7-112-29564-7
　　（42291）